Rodde/Boldt

IPA
INTEGRIERTE PROJEKTABWICKLUNG
IN DER PRAXIS

Zur besseren Lesbarkeit wird im gesamten Text das generische Maskulinum verwendet. Die verwendeten Personenbezeichnungen beziehen sich gleichberechtigt auf alle Geschlechter.

beck.de

ISBN Print 978 3 406 80494 6 (C.H.Beck)
ISBN Print 978 3 8006 7337 7 (Vahlen)
ISBN E-Book 978 3 8006 7339 1

Wilhelmstraße 9, 80801 München
Druck und Bindung: Beltz Grafische Betriebe GmbH,
Am Fliegerhorst 8, 99947 Bad Langensalza

Satz & Umschlag: Silke Gummi,
silke.gummi@gmx.de

chbeck.de/nachhaltig

Gedruckt auf säurefreiem, alterungsbeständigem Papier
(hergestellt aus chlorfrei gebleichtem Zellstoff)

INTEGRIERTE PROJEKTABWICKLUNG IN DER PRAXIS

Wie man durch kollaborative Methoden und innovative Vertragslösungen komplexe Bauprojekte ans Ziel bringt

Dr. Nina Rodde
Bauingenieurin in Berlin

Prof. Dr. Antje Boldt
Rechtsanwältin in Frankfurt a. M.

Vahlen

Vorwort

Die Integrierte Projektabwicklung hat sich in der modernen Projektlandschaft bereits zu einem unverzichtbaren Ansatz entwickelt, um komplexe Projekte erfolgreicher und effizienter umzusetzen. In diesem Buch präsentieren wir Ihnen einen praktischen Leitfaden, der nicht nur auf theoretischen Konzepten basiert, sondern auch auf der umfangreichen Erfahrung der Autorinnen und ihrer Teams in der Umsetzung integrierter Projekte.

Die steigende Komplexität und Vielfalt der heutigen Baumaßnahmen erfordern einen ganzheitlichen Ansatz, der über traditionelle Methoden hinausgeht. Die Integrierte Projektabwicklung bietet hierfür einen Rahmen, der nicht nur die einzelnen Phasen eines Projekts verbindet, sondern auch eine nahtlose Koordination zwischen verschiedenen Akteuren ermöglicht. Dieses Buch geht über die bloße Theorie hinaus und bietet Ihnen einen praxisorientierten Handlungsleitfaden, um die Herausforderungen der Integrierten Projektabwicklung erfolgreich zu meistern.

Ein besonderes Augenmerk legen wir auf die rechtlichen Fragestellungen, die mit der Integrierten Projektabwicklung einhergehen. Denn nur wenn rechtliche Aspekte von Anfang an berücksichtigt werden, können Projekte reibungslos und erfolgreich verlaufen. Wir geben Ihnen wertvolle Einblicke, wie Sie rechtliche Fallstricke vermeiden und rechtssichere Lösungen implementieren können.

Die Vielfalt der in diesem Buch präsentierten Fallstudien und Praxisbeispiele spiegelt die breite Erfahrung aller an diesem Projekt Beteiligten wider. Wir bedanken uns daher ganz herzlich für die Unterstützung der Mitautoren Laura Kersten, Manuela Luft, Ramin Omidi, Julia Reumann und Sebastian Schulz sowie Anna Groffebert für die wertvolle administrative Unterstützung. Wir sind überzeugt, dass die gesammelte Expertise und praxiserprobten Ansätze Ihnen nicht nur einen Einblick in die Integrierte Projektabwicklung bieten, sondern auch konkrete Handlungsempfehlungen für Ihre eigenen Projekte liefern.

Möge dieses Buch dazu beitragen, dass Sie die Integrierte Projektabwicklung als Chance begreifen und sie erfolgreich in Ihre Projektlösungen integrieren können. Wir wünschen Ihnen eine inspirierende Lektüre und viel Erfolg bei der Umsetzung integrierter Projekte!

Berlin/Frankfurt, im Mai 2024
Nina Rodde
Antje Boldt

Quellenverzeichnis

Allison/Ashcraft/Cheng/Klawans/Pease (in deutscher Übersetzung von Boldt), Integrierte Projektabwicklung, ein Leitfaden für Führungskräfte, 2019. Online abrufbar unter https://rittershaus.net/fileadmin/files/real_estate/ABO-NL-Integrierte-Projektabwicklung_Leitfaden-komprimiert.pdf oder käuflich erwerbbar als Druck unter www.amazon.de.

Ballard, The Last Planner® System of Production Control. Dissertation, 2000. Online verfügbar unter https://etheses.bham.ac.uk/id/eprint/4789/1/Ballard00PhD.pdf (zuletzt geprüft am 24.01.2024).

Becker, Teamarbeit, Teampsychologie, Teamentwicklung. So führen Sie Teams! 2016

Bleiker/Wallemann/Müller, Verstehen, was Teams erfolgreich und zufrieden macht. Wirtschaftspsychologie, 2021

Boldt, Das Vergütungsmodell als zentrales Anreizsystem des Mehrparteienvertrags. NZBau 2023, 647

Boldt, Innovative Vergütungsgestaltung bei Bauaufträgen öffentlicher Auftraggeber: Können Selbstkostenerstattungsverträge preis- und vergaberechtlich wirksam vereinbart werden? Festschrift Leupertz 2021, 25

Boldt, Integrierte Projektabwicklung – ein Zukunftsmodell für öffentliche Auftraggeber? NZBau 2019, 547

Boldt/Fuchs, Die Integrierte Projektabwicklung mit Mehrparteienvertrag – Ein Vertragsmodell nicht nur für Großprojekte. NZBau 2023, 441

Boldt/Rodde, Forschungsbericht zum Forschungsvorhaben „Mustervertragsbedingungen für Mehrparteienverträge im öffentlichen Bauwesen bei Integrierter Projektabwicklung" des Bundesinstituts für Bau-, Stadt- und Raumforschung (BBSR) im Bundesamt für Bauwesen und Raumordnung (BBR), 2022. Online abrufbar unter https://www.bbsr.bund.de/BBSR/DE/forschung/programme/zb/Auftragsforschung/3Rahmenbedingungen/2021/mustervertragsbedingungen/01-start.html (zuletzt geprüft am 23.04.2024).

Borrmann/König/Koch/Beetz (Hrsg.), Building Information Modeling – Technologische Grundlagen und industrielle Praxis, 2. Aufl. 2021

Breyer/Boldt/Haghsheno, Forschungsbericht zum Forschungsvorhaben „Alternative Vertragsmodelle zum Einheitspreisvertrag für die Vergabe von Bauleistungen durch die öffentliche Hand" des Bundesinstituts für Bau-, Stadt- und Raumforschung (BBSR) im Bundesamt für Bauwesen und Raumordnung (BBR), 2020. Online abrufbar unter https://www.bbsr.bund.de/BBSR/DE/forschung/programme/zb/Auftragsforschung/3Rahmenbedingungen/2017/vertragsmodelle/01-start.html (zuletzt geprüft am 23.01.2024).

Bundesministerium für Umwelt, Naturschutz, Bau und Reaktorsicherheit (Hrsg.), 2013: Richtlinie für Planungswettbewerbe – RPW 2013. Online abrufbar unter https://www.bmwsb.bund.de/SharedDocs/downloads/Webs/veroeffentlichungen/2013/richtlinie-planungswettbewerbe.pdf;jsessionid=5E6B1125787DF614E8DBE6969D152C30.live882?__blob=publicationFile&v=2 (zuletzt geprüft am 26.11.2023).

Dauner-Lieb, Mehrparteienverträge für komplexe Bauvorhaben. NZBau 2019, 339

Dauner-Lieb/Langen (Hrsg.), BGB Schuldrecht, Allgemeiner Teil, Band 2, §§ 241-853. 4. Aufl. 2021

Fiedler (Hrsg.), Lean Construction - Das Managementhandbuch, 2018

Fuchs, Fehlerkosten als erstattbare Selbstkosten? Eine umstrittene Frage zum IPA-Vergütungsmodell. NZBau 2023, 714

German Lean Construction Institute (GLCI) (Hrsg.), Lean Construction – Begriffe und Methoden. Online verfügbar unter https://www.glci.de/sites/default/files/2018/Publikationen/GLCI-Lean-Construction-Begriffe-und-Methoden.pdf (zuletzt geprüft am 23.01.2024).

Harris, Ich bin o.k. – Du bist o.k. Wie wir uns selbst besser verstehen und unsere Einstellung zu anderen verändern können - Eine Einführung in die Transaktionsanalyse, 2021

Haghsheno/Frantz/Budau/Väth/Schmidt/Hanau, Vertrauen und Kontrolle im Rahmen der Integrierten Projektabwicklung (IPA), 2022. Online abrufbar unter https://www.tmb.kit.edu/img/content/Vertrauen_und_Kontrolle_im_Rahmen_der_In.pdf (zuletzt geprüft am 24.1.2024).

IPA-Zentrum, Integrierte Projektabwicklung (IPA) - Charakteristika und konstitutive Modellbestandteile. Online abrufbar unter https://ipa-zentrum.de/wp-content/uploads/2023/06/IPA-Charakteristika-und-konstitutive-Modellbestandteile-2022.pdf (zuletzt geprüft am 14.01.2024).

Jurgeleit, Adjudikation, Rechtsfriede und Rechtsstaat. BauR 2021, 863

Kleinmann, Assessment-Center, 2. Aufl. 2013

Lausch, Trust Me. Warum Vertrauen die Zukunft der Arbeit ist, 2023

Leupertz/Preussner/Sienz, Beck online Kommentar Bauvertragsrecht mit Kommentierungen zum BGB, EGBGB und GVG. 15. Edition, 2021

Luft/Kluttig, Partnerauswahl beim Mehrparteienvertrag mittels Assessment-Center. NZBau 2023, 575

Münchener Kommentar zum Bürgerlichen Gesetzbuch, BGB Band 3, Schuldrecht – Allgemeiner Teil II. §§ 311-432. 8. Aufl. 2019

Münchener Kommentar zum Bürgerlichen Gesetzbuch, BGB Band 6: Schuldrecht – Besonderer Teil III §§631-651. 8. Aufl. 2020

Münchener Kommentar Europäisches und Deutsches Wettbewerbsrecht, Vergaberecht I: VO PR 30/53 2. Aufl. 2018

Przybylo, BIM – Einstieg kompakt. Die wichtigsten BIM-Prinzipien in Projekt und Unternehmen, 2020

Rodde, Entwicklung von Handlungsempfehlungen für eine kooperative Terminsteuerung bei Bauprojekten, 2020

Rodde/Enge, Alles im Flow – Lean Termin Management. BauR 2020, 905

Rodde/Kersten, Teamfähigkeit als Wertungskriterium in Vergabeverfahren für öffentliche Bauprojekte mit partnerschaftlichen Vertragsmodellen, Tagungsband BBB Kongress, 2020, 95

Rodde/Omidi, Entscheidungsmechanismen in der Integrierten Projektabwicklung. NZBau 2023, 507

Schlabach, Untersuchungen zum Transfer der australischen Projektabwicklungsform Project Alliancing auf den deutschen Hochbaumarkt 2013. Online abrufbar unter: https://www.uni-kassel.de/upress/online/frei/978-3-86219-490-2.volltext.frei.pdf (zuletzt geprüft am 24.01.2024).

Schöttle/Arroyo/Christensen, Does your Decision-making Process Protect Customer Value? 2020. Online abrufbar unter: https://iglcstorage.blob.core.windows.net/papers/attachment-d8f1b4ab-2a05-494e-a1f9-012fc22237d1.pdf (zuletzt geprüft am 27.03.2024).

Schwerdtner/Reumann, Einbeziehung von Nachunternehmern in den Mehrparteienvertrag. NZBau 2024, 13

Sundermeier/Beidersandwisch/Kleinwächter/Rehfeld, Kurzbericht zum Kooperationsprojekt ‚Partnerschaftliche Projektabwicklung für die Schienenverkehrsinfrastruktur' 2019. Online abrufbar unter https://www.static.tu.berlin/fileadmin/www/10002324/Dokumente_Forschungsprojekte/Partnerschaftsmodell_Schiene_-_Kurzbericht__TU_Berlin_.pdf (zuletzt geprüft am 24.01.2024).

Sundermeier/Beidersandwisch, Partnerschaftliche Projektabwicklung für die Schienenverkehrsinfrastruktur ‚Partnerschaftsmodell Schiene'. Rahmenbedingungen, Bausteine, Modelle, 2020. Online abrufbar unter https://www.arge-baurecht.com/fileadmin/user_upload/artikel/aktuelles/2020/03/Partnerschaftsmodell-Schiene.pdf (zuletzt geprüft am 14.01.2024).

Sundermeier/Flüthmann/Theuring/Sommerfeld, Herausforderungen und Potenziale der Integrierten Projektabwicklung. Beratende Ingenieure als Wertschöpfungspartner in IPA-Projekten, 2022. Online abrufbar unter https://www.vbi.de/wp-content/uploads/2022/12/VBI_IPA-Studie_01-23.pdf (zuletzt geprüft am 24.01.2024).

Warda, Die Realisierbarkeit von Allianzverträgen im deutschen Vertragsrecht, eine rechtsvergleichende Untersuchung am Beispiel von Project Partnering, Project Alliancing und Integrated Project Delivery, 2020

Glossar

Allgemeine Geschäftskosten
AGK
Prozentsatz als Umlage zur Deckung derjenigen Kosten, die nicht unmittelbar durch einen bestimmten Auftrag entstehen.

Assessment-Center
AC
Bewertungsverfahren zur Beurteilung der Teamfähigkeit als Teil des Auswahlverfahrens.

Auftraggeber
AG
Die beauftragende juristische Person des Privatrechts oder des öffentlichen Rechts.

Auftraggeber-Informationsanforderungen
AIA
Zieldefinition und konkrete Arbeitsanweisung des Auftraggebers an die Umsetzung der BIM-Methodik.

Auftraggeber-Risiko
Risiko, welches ausschließlich dem Auftraggeber zugeordnet wird und nicht in die Zielkostenermittlung einfließt.

Auftragnehmer
AN
Alle Partner außer dem AG.

Budget
Der dem Auftraggeber für diese Maßnahme zur Verfügung stehende Finanzrahmen.

Big Room
Großer Besprechungsraum in der Colocation, in welchem alle Beteiligten im Team physisch zusammenkommen, mit visueller Dokumentation arbeiten und die Teambesprechungen durchführen.

auch: Schaltzentrale

Building Information Modeling
BIM
Ergebnis (Modell) und Prozess (Modellierung, Datenanreicherung, Workflows für Freigaben, Bemusterungen etc.) der Erstellung und Verwaltung von Bauwerksdaten während des Planungs-, Bau- und Nutzungsprozesses eines Bauwerks unter Verwendung einer dreidimensionalen Bauwerksmodellierungssoftware sowie einer CDE (Common Data Environment).

BIM-Abwicklungsplan
BAP
Grundlage einer BIM-basierten Zusammenarbeit mit definierten BIM-Zielen, organisatorischen Strukturen, Verantwortlichkeiten und Festlegungen hinsichtlich BIM-Leistungen, Softwareanforderungen und Anforderungen an die Informationslieferung.

Beteiligungsbeitrag
BB
Prozentualer Anteil bezogen auf die Direkten Projektkosten (DPK), der bei einer Überschreitung der Zielkosten die obere Grenze bestimmt, bis zu der die IPA-Partner sich anteilig an einer Überschreitung der Zielkosten beteiligen; der BB wird durch den Auftragnehmer in % angeboten und mit Auftragserteilung vereinbart; die Berechnung des BB [EUR] erfolgt auf Basis der der Zielkostenermittlung zugrundeliegenden Direkten Projektkosten (DPK)) je Auftragnehmer; der Beteiligungsbeitrag [EUR] fließt in den Beteiligungs-Pool (BP) ein, der aus den Beteiligungsbeiträgen [EUR] aller Auftragnehmer gebildet wird.
auch: Risikobeitrag, Chancen-Risiko-Einbehalt, Incentive Share

Beteiligungs-Pool
BP
Summe der Beteiligungsbeiträge (BB) [EUR] aller Auftragnehmer; werden die Zielkosten unter- oder überschritten, vergrößert oder verringert sich der BP entsprechend und in der Folge werden die Auftragnehmer entsprechend ihrer quotalen Anteile am finalen Beteiligungs-Pool beteiligt.
auch: Chancen-Risiko-Pool, Incentive Share aller Partner zusammen

Chancen-Risiko-Management
CRM
Kontinuierliche Verfolgung der erkennbaren oder sich im Projektablauf bereits ergebenden Risiken und Chancen mit dem Ziel eines optimalen Umgangs hiermit.

Colocation
Räumlichkeiten, die den Partnern für die Leistungserbringung, insbesondere für Planungs- und Koordinierungsleistungen und Besprechungen durch den Auftraggeber zur Verfügung gestellt werden.
auch: Co-Location, Allianzbüro

Conditions of Satisfaction
CoS
Zufriedenheitskriterien und Wertschöpfungsziele des Auftraggebers.

Deckungsbeitrag
DB
Addition aus AGK und Gewinn; enthält alle Kosten, die nicht ausdrücklich den Direkten Projektkosten zugewiesen sind. Der Deckungsbeitrag wird durch die Auftragnehmer in % angeboten. Im Zuge der Zielkostermittlung werden die Direkten Projektkosten sowie die Risikorückstellungen mit dem prozentualen Deckungsbeitrag beaufschlagt.

Direkte Projektkosten
DPK
Einzelkosten der Teilleistungen und Baustellengemeinkosten; als Direkte Projektkosten (DPK) sind in der Zielkostenermittlung alle Kosten zu erfassen, die unmittelbar durch den zur Erstellung der Vertragsleistung erforderlichen Ressourceneinsatz der Auftragnehmer in der Planungs- und Bauphase verursacht werden.

Erstattbare Kosten
EK
Kosten der tatsächlich erforderlichen und nachgewiesenen Planungs- und Bauleistungen aus Direkten Projektkosten und eingetretenen Risiken; für die Zuordnung zu den Erstattbaren Kosten ist die konkrete Definition zu den Vorgaben zur Angebotskalkulation, Zielkostenermittlung und Abrechnung maßgeblich.

auch: Selbstkosten

Chancen- und Risiko-Register
CRR
Tabelle, in welcher die Gesamtsumme der Risikorückstellungen (RR) aufgeführt ist.

Gewinn
G
Prozentualer Anteil bezogen auf die Direkten Projektkosten, der neben dem Anteil für AGK in den Deckungsbeitrag einfließt. Ein kalkulatorischer Ansatz für Wagnis ist nur im Hinblick auf etwaige Vorsorge für Mangelbeseitigung in der Gewährleistungsphase zu treffen, da Projektrisiken in der Risikorückstellung erfasst werden und daher kein Wagnis darstellen.

auch: Wagnis + Gewinn

Gewinn-Risiko-Tabelle
GRT
Tabelle, in der die Soll-, Prognose-, Risiko- und Ist-Daten der Vergütung monatlich erfasst werden. Sie ist das zentrale Kosten-Controlling-Werkzeug der Allianz.

IPA-Coach
Aufgabe ist die Stärkung des Teams und Unterstützung z. B. bei Teambuilding, Lösen von Konflikten im Team, Reflektion zu Interessen und Positionen, Moderation von Planungs- und Steuerungssitzungen nach Lean Grundsätzen, Entwicklung von Tools z.B. für Termin- und Kostensteuerung, Nachunternehmereinbindung, Entscheidungsfindung nach IPA-Grundsätzen.

IPA-Manager
Aufgabe ist die Unterstützung des PMT in der Organisation und Steuerung des gesamten Teams (PMT, PMOs und aller PRTs) sowie die Unterstützung des SMT als Moderator.
auch: Allianzmanager, Projektmanager, Allianz-Koordinator

IPA-Partner/Partner
Parteien des Vertrags über eine Integrierte Projektabwicklung (IPA).
auch: Allianzpartner

IPA-Vertrag
Vertrag zwischen den Allianzpartnern.
auch: Allianzvertrag, Mehrparteienvertrag, MPV, Vertrag mit integrierter Projektabwicklung

KVP
Kontinuierlicher Verbesserungsprozess.

Key Performance Indicators
KPI
Parameter, die aus Sicht des Auftraggebers als besondere Ziele neben den vertraglich verankerten Projektzielen wichtig sind. Für das Erreichen der KPI kann der AG im Falle einer etwaigen Zielkostenunterschreitung eine Änderung der Aufteilungsquote auf bis zu 25:75 (AG:AN) in Aussicht stellen.

Last Planner® System
LPS
Kollaboratives, auf gegenseitigen Zusagen basierendes Terminplanungssystem, welches das „Pull"-Prinzip, eine wöchentliche Arbeitsplanung auf Basis zuverlässiger Absprachen und Lernergebnisse aus der Analyse des erreichten Umsetzungsgrades und der Störungsursachen bei Abweichungen miteinander verbindet.

Lean-Methoden
Oberbegriff über Methoden, die zu einer am Kundenwunsch orientierten, effizienten und Verschwendung vermeidenden Prozessgestaltung führen sollen mit dem Ziel einer kontinuierlichen Verbesserung.

Leistungsprogramm
Konkretisierung und Detaillierung des Projektprogramms; wird von den Partnern gemeinsam in der Planungsphase erarbeitet und ist Grundlage des Zielkostenangebotes (ZKA).

Mehrparteienvertrag
MPV
Vertrag zwischen mehr als zwei Partnern.

Nachunternehmer
NU
Von den AN gebundene Unternehmen zur Ausführung von Planungs-, Beratungs- und Bauleistungen.

Phase 0
AG-seitige Vorbereitungs- und Vergabephase bis zum Abschluss des IPA-Vertrags.

Phase 1
Planungsphase bis zum Zielkostenangebot.

Phase 2
Fortsetzung der Planung und Bauphase.

Phase 3
Gewährleistungsphase.

Projektbeteiligte
Vertragspartner und ihre Nachunternehmer sowie vom Auftraggeber beauftragte Dritte.

Projektcharta
Vereinbarung der Vertragspartner über Ziele des Teamverhaltens und des Umgangs miteinander.

Projekt Implementierungs-Team
PIT
Vom PMT auszuwählende Mitglieder einzelner Organisationseinheiten, die die vertraglich beschriebenen Aufgaben wahrnehmen.

auch: Projektausführungsteam PAT, Planungs- und Ausführungsteam, Projektrealisierungsteam PRT

Projekt Management Team
PMT
Vertreter der Partner, die gemeinsam die vertraglich beschriebenen Aufgaben wahrnehmen.

auch: Projektleitungsteam PLT

Projekt Management Office
PMO
Unterstützungseinheiten der IPA und des PMT, vergleichbar mit einer Stabstelle. Sie agieren projektübergreifend und entwickeln, implementieren und optimieren Prozesse der IPA.

Projektprogramm
Ziel- und Leistungsbeschreibung bei Vertragsabschlusses.

Reisekosten
Reise- und Unterkunftskosten, die für das Personal der Auftragnehmer entstehen; sie werden entsprechend der tatsächlichen Präsenztage nach Ist-Kosten bzw. bis zur Höhe des individuellen vereinbarten Tagessatzes des AN erstattet.

Risikorückstellungen
RR
Monetäre Bewertung etwaiger eintretender Kosten; bereits in Phase 1 ermitteln die Partner Projektrisiken und bewerten diese in monetärer und terminlicher Hinsicht. Diese Risiken werden kontinuierlich im Chancen-Risiko-Management (CRM) verfolgt und im Chancen- und Risiko-Register (CRR) fortgeschrieben. Sofern das entsprechende Risiko nicht ausschließlich dem Auftraggeber zugeordnet wurde, sind die Kosten Teil der Zielkosten und zählen zu den Erstattbaren Kosten (EK), sollten sich die Risiken verwirklichen.

Senior Management Team
SMT
Vertreter der jeweiligen Partner, die als Streitlösungsebene dem PMT zur Seite stehen und als übergeordnetes Gremium die vertraglichen Aufgaben wahrnehmen.

auch: Strategisches Management Team SMT, Allianzleitungsteam ALT

Schnittstellenliste
Fortentwicklung der Leistungszuordnung; Liste hinsichtlich der detaillierten Zuordnung der einzelnen Leistungen zum Leistungsbereich eines Partners, die dem Abruf der Bauphase (Phase 2) durch den Auftraggeber zugrunde liegt.

Target Value Design
TVD
Iterative Methode zur Entwicklung der Planungslösung, wonach der höchstmögliche Wert und Nutzen im Hinblick auf die fertige Bauleistung im Rahmen des vorgegebenen Budgets erreicht werden soll.

Zielkosten
ZK
Kosten, die als höchstens zu erreichende Gesamtabrechnungssumme bei Beauftragung der Phase 2 festgelegt werden; die Zielkosten setzen sich zusammen aus:
- den Planungskosten der Phase 1
- den prognostizierten Direkten Projektkosten (DPK) zzgl. Deckungsbeitrag (DB)
- den Risikorückstellungen (RR) zzgl. Deckungsbeitrag (DB).

Inhalt

DISCOVER

A
IPA-Philosophie

A
IPA-Philosophie
Kulturveränderung 3

I.
Grundsätze der Integrierten Projektabwicklung 4

II.
Phasen der Projektallianz 10

III.
Aufbau und Management eines erfolgreichen Teams 17

IV.
Etablierung einer echten Fehlerkultur 20

START ALLIANZ

B
Vorbereitungsphase

B
Phase 0
Vorbereitungsphase ... 25

I.
Eignung von Projekt und Organisation für IPA ... 26

II.
Projekt Set-up ... 31

1. Planungsstand zum Startzeitpunkt ... 31
2. Zuschnitt der Leistungspakete und Marktgängigkeit ... 37
3. Exkurs: Öffentliches Haushaltsrecht ... 43
4. Vorbereitung Kostenkontrolle ... 44
5. Vorbereitung der eigenen Organisation ... 47
6. Conditions of Satisfaction (CoS) ... 52
7. Einrichten einer Colocation ... 54
8. Erforderliche Dritte ... 58
9. Abschluss einer Projektversicherung ... 61

III.
Auswahl des IPA-Teams ... 64

1. Team- oder Einzelbewerbung ... 64
2. Ablauf des Auswahlverfahrens ... 66
3. Exkurs: Auswahl der IPA-Partner durch öffentliche Auftraggeber ... 67
4. Kriterium Team- und Innovationsfähigkeit ... 73

IV.
Nachunternehmer ... 81

1. Auswahl und Einbindung der Nachunternehmer ... 82
2. Selbstausführungsgebot ... 86
3. Im Vergabeverfahren benannte Nachunternehmer ... 88
4. Ausschluss Nachunternehmerkette ... 89

C
Vertragsabschluss

C
Vertragsabschluss des Mehrparteienvertrags Bildung der Allianz ... 95

I.
Rechtsnatur des IPA-Vertrags ... 97

II.
Vergütungsregelungen ... 101

1. Wirkweise Selbstkostenerstattung und Anreizsystem ... 101
2. Rolle des Wirtschaftsprüfers ... 107
3. Rolle des Baupreissachverständigen ... 110
4. Abrechnung der Nachunternehmerkosten ... 110

III.
Entscheidungsmechanismen in der Allianz ... 113

IV.
Haftung für Pflichtverletzung ... 120

1. Mängelhaftung ... 121
2. Haftung bei Verzögerungen ... 124

DEVELOP

D Planungsphase

D
Phase 1
Planungsphase 131

I.
Integrale Zusammenarbeit 132

1. IPA-Teamstruktur und Teambesetzung 132
2. Organisation der Zusammenarbeit 134
3. Gemeinsame Werte 139

II.
Kick-Off-Phase 140

1. Kick-Off des Projekt Management Teams 141
2. Kick-Off des Senior Management Teams 142
3. Zielbild der Zusammenarbeit – Projektcharta 143
4. Onboarding für das gesamte IPA-Team 146
5. Kick-Off für die Projekt-Implementierungs-Teams (PITs) und Projekt Management Offices (PMOs) 147
6. Schulungen und Einführung in Methoden und Tools 150

III.
Prozesse / PMOs 151

IV.
Termine – Last Planner®
(in der Planungsphase) 153

V.
Target Value Design 157

VI.
Einbindung Nachunternehmer 163

VII.
Projektvalidierung: Überprüfung auf Realisierbarkeit 165

VIII.
Building Information Modeling 168

IX.
Erkennen und Verfolgen von Chancen und Risiken 172

X.
Aufbau und Inhalt des Zielkostenangebotes = Abschluss Phase 1 175

E
Bauphase

E
Phase 2
Bauphase ... 181

I.
Abruf der Ausführungsleistungen durch den Auftraggeber ... 181

II.
Gute Teambeziehungen und Mitarbeitereinbindung ... 183

III.
Projekt-Dashboards ... 186

IV.
Lean in der Ausführung ... 190

1. Bauablaufplanung und Terminsteuerung ... 191
2. Last Planner® System ... 193
3. Taktplanung ... 201
4. Logistik ... 203
5. Shopfloor Management ... 205
6. Kontinuierlicher Verbesserungsprozess ... 209
7. Wissen bewahren und standardisieren ... 211

V.
Controlling – Gewinn-Risiko-Tabelle ... 213

VI.
Leistungsänderungen ... 216

1. Änderungen ohne Auswirkungen auf die Zielkosten ... 216
2. Änderungen mit Auswirkungen auf die Zielkosten ... 218

VII.
Projektstörungen ... 221

1. Umgang mit Mängeln ... 221
2. Verzögerungen ... 222
3. Notwendigkeit einer Kündigung ... 223
4. Insolvenz ... 226

F
Projektabschluss

F
Projektabschluss ... 231

I.
Dokumentation ... 232

II.
Inbetriebnahme ... 232

III.
Abnahme ... 234

IV.
Schlussrechnung ... 235

V.
Abschlussveranstaltung / Offboarding für das gesamte Team ... 237

IPA-Philosophie

IPA-Philosophie Kulturveränderung

Gemeinsam zum Erfolg – das ist der Leitgedanke des gänzlich neuen, mit keinem bisherigen Modell zur Abwicklung eines Bauprojektes vergleichbaren Ansatzes der Integrierten Projektallianz.

Statt einer Vielzahl bilateraler, unabhängiger Verträge über einzelne Planungs-, Beratungs- und Bauleistungen bildet die Allianz aus Auftraggeber/Nutzer, Planungsbüros und Baufirmen das Zentrum des Projektteams und damit organisatorisch und wirtschaftlich eine Einheit. Für dieses „Team auf Zeit" ist das einzige Ziel, das Projekt zur Zufriedenheit des Kunden und des Nutzers zu planen und zu bauen und dabei zusammen als auch jeder für sich wirtschaftlich erfolgreich zu sein. Bereits in diesen Grundsätzen unterscheidet sich die Allianz damit von allen bisher in Deutschland erprobten, teils erfolgreichen aber auch vielfach gescheiterten Modellen. Die Fokussierung auf Partikularinteressen wird zugunsten des Erfolgs der „gemeinsamen Projektrealisierung" aufgegeben. Alle Partner sind miteinander verantwortlich, entscheiden im Konsens, tragen Risiken und Verantwortung gemeinsam und können das Projekt so steuern, dass zum Projektabschluss alle Seiten zufrieden sind.

Diese Art der Zusammenarbeit erfordert eine kulturelle Neuausrichtung. Auftraggeber und Nutzer, Planer und Baupartner – alle begegnen sich als gleichberechtigte Partner auf Augenhöhe. Sie alle sind für den Erfolg des Projektes gleichermaßen entscheidend. Diesem Umstand trägt das Modell dergestalt Rechnung, dass alle Partner bei zu treffenden Entscheidungen stimmberechtigt sind. Die Entscheidungen sind somit im Konsens zu treffen (mit wenigen Ausnahmen). Dies erfordert eine Diskussionskultur, Kommunikationsfähigkeiten und Feedbackqualitäten, die in der „normalen" Projektwelt nicht alltäglich sind. Folglich muss die Mehrzahl der Mitarbeiter diese Fähigkeiten zunächst erlernen. Die kulturelle Veränderung ist kein kleiner Schritt. Dennoch – nur Mut! In kleinen Schritten und unterstützt durch entsprechendes Coaching gelingt es fast allen, die Veränderungen mitzumachen und schätzen zu lernen. Auf diese Weise etabliert sich eine Projektkultur, die es auch den später dazukommenden Teammitgliedern erleichtert, sich in die Allianz und die veränderten Rollenbilder, Arbeitsweisen und Entscheidungswege einzufinden.

Die Veränderungen in den Menschen sind nachhaltig. Die an IPA-Projekten Beteiligten tragen die veränderte Art der Zusammenarbeit, die Wertschätzung füreinander und die Konfliktfähigkeit sowie Lösungsoffenheit auch in ihre anderen Projekte und verändern so auch dort die Projektkultur.

I. Grundsätze der Integrierten Projektabwicklung

In der Integrierten Projektallianz arbeiten alle Beteiligten von Beginn an gemeinsam am Projekt. Die Allianz wird dann gebildet, wenn klar ist, wer die Partner der Allianz werden sollen und Projektinhalt und Projektziele so weit definiert sind, dass das Team die Arbeit aufnehmen kann. Dieser Zeitpunkt variiert häufig: so kann die Allianz zeitgleich mit der Projektidee gebildet werden oder auch erst nach Abschluss der ersten Planungsschritte. Die IPA-Partner sind über einen Mehrparteienvertrag miteinander verbunden, der im Schwerpunkt – neben der Klärung der verantwortlichen Leistungserbringung in Planung und Ausführung – die Art der Zusammenarbeit regelt. Anders als in konventionellen Projektabwicklungsmodellen ist es jedoch nicht der Ansatz, dass ein möglichst genau beschriebenes Vertrags-Soll besteht, welches in einem fixierten Zeit- und Kostenrahmen zu erbringen ist, sondern es wird ein möglichst flexibles System etabliert, welches auf die Anpassungserfordernisse des Projektverlaufs reagieren kann und dennoch für alle Partner eine verlässliche Basis für Leistungserbringung und Vergütung darstellt. Zugleich werden die Ziele so definiert und als gemeinsames Interesse verabredet, dass der Erfolg aller Beteiligten Motivation und Grundlage ist.

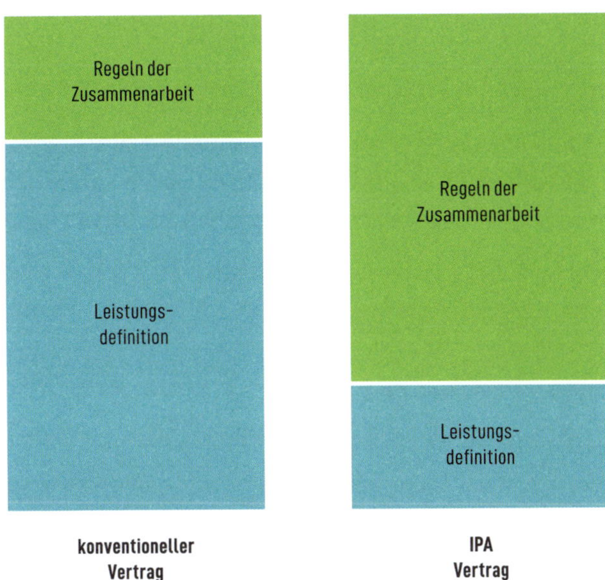

Leitlinie für die Zusammenarbeit im Projekt

Dabei ist zu beachten, dass das dem Allianz-Modell zugrundeliegende System nur als Gesamtheit in der gewünschten Weise wirkt. Werden wesentliche Aspekte verändert, kann es dazu kommen, dass die Änderung des Verhaltens aller Beteiligten mit der Ausrichtung auf ein gemeinsames Projektziel nicht gelingt. Die Folge ist, dass die Partner eher ihren Partikularinteressen folgen als im Sinne des Gesamtprojektziels zu entscheiden und damit wie in den bisher vorwiegenden konservativen, bilateralen Vertragsmodellen agieren.

Im Allianz-Modell verantworten alle Partner gemeinsam die Strategie und die Umsetzung der Projektziele. Folglich verlieren oder gewinnen auch alle gemeinsam.

Dieser Effekt wird als pain share / gain share bezeichnet.

Versucht ein Partner auf Kosten der anderen seine wirtschaftliche Lage zu optimieren, kann dieses Verhalten in der Regel nicht zu einem erfolgreichen Projekt führen. Die Systeme müssen folglich ganzheitlich so kalibriert werden, dass das „richtige“ Verhalten belohnt wird, während gegenläufige Verhaltensweisen durch die Gemeinschaft erkannt und nicht toleriert werden.

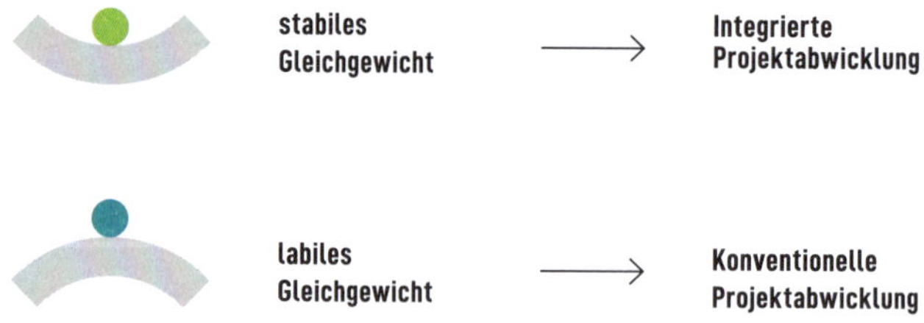

Wirkweisen der Vertragssysteme

Die Wirkweise des Modells und die Notwendigkeit, diese unverändert zu lassen, sollen nachfolgend durch drei Beispiele veranschaulicht werden:

- **Vergütung auf Basis Erstattbarer Kosten versus Vergütung mit Einheits- oder Pauschalpreisen**

Das System von Einheitspreisen und Pauschalpreisen birgt die Gefahr, dass einzelne Elemente „gute" Preise mit Puffern und damit mit verdeckten Gewinnen darstellen, andere hingegen „schlechte" Preise mit einer Unterdeckung oder zumindest geringeren Gewinnmargen. Dadurch wird der Unternehmer immer danach streben, die Leistungen mit „guten" Preisen zu mehren und jene mit „schlechten" Preisen zu mindern oder zu meiden. Damit drohen seine Interessen in Konflikt mit den Projektinteressen zu geraten. Diese Verhaltensweise wird im Allianzmodell durch die Vergütung über die Erstattung der Ist-Kosten vermieden, denn damit entfällt die Generierung verdeckter Gewinne. Die Ist-Kosten setzen sich dabei aus den Einzelkosten der Teilleistungen und Baustellengemeinkosten zusammen. Hinzu kommen Zuschläge für Allgemeine Geschäftskosten und Gewinn. Durch diese Vorgehensweise ist sichergestellt, dass jeder Partner seine Gewinne in dem vereinbarten Maß erhält, nicht mehr und nicht weniger. Da zugleich der Anreiz besteht, durch Optimierungen das Gesamtprojektergebnis zum Nutzen aller zu verbessern, werden alle Partner nur den notwendigen Aufwand betreiben und abrechnen. So reguliert sich das System selbstständig.

Von dieser Maxime darf nicht abgewichen werden, auch wenn sie in der Abrechnung innerhalb des Projektes einen höheren Aufwand bedeutet. Die positiven Effekte wiegen diesen Mehraufwand auf.

- **Gemeinsame Verantwortung**

Wie oben beschrieben ist der Planungsstand, zu welchem die Allianz ihre Arbeit aufnimmt, variabel und hängt von den Randbedingungen des Projektes ab. Gleichwohl muss allen Partnern klar sein, dass sie mit der Angebotslegung zum Ende der gemeinsamen Planungsphase (Phase 1) und der Fortsetzung der Allianz zur Projektumsetzung (Phase 2) gemeinsam in die Verantwortung gehen, dass die Inhalte (Planung), die Zielkosten (Kosten und Risiken) sowie die zugrundeliegende Terminschiene realistisch umsetzbar sind. Hierfür stehen alle gemeinsam ein. Findet eine Abgrenzung der Haftung zwischen den Partnern in irgendeiner Weise statt, werden die Partner motiviert, bei Fehlern den Verantwortlichen zu suchen, anstatt sich der Lösungsfindung zu widmen. Nur wenn absolut klar ist, dass die Suche nach Schuldigen keinen Zweck hat und zu keinem Mehrwert führt, sondern nur Zeit, Aufwand und Geld kostet, werden die Partner diesen „üblichen Weg" (Claim-Management) als ineffizient erkennen und ihr Verhalten ändern → Haftung für Pflichtverletzung, S. 120.

Integrale Teams und Transparenz

Für die Zusammenarbeit als Allianzteam ist Voraussetzung, dass die Partner und alle ihre Mitarbeiter die „Silos" ihrer Unternehmen verlassen. Sie bilden mit den Kollegen der Partner ein sogenanntes integrales Team. Integral bezeichnet dabei ein crossfunktional besetztes Team, das durch die Fähigkeiten seiner Mitglieder die inhaltlichen und organisatorischen Anforderungen an die optimale Bearbeitung und Lösung der Aufgabenstellung verspricht. Diese Teams werden von allen Partnern besetzt und zwar immer durch mindestens einen Vertreter des Auftraggebers, eines Planers und eines Ausführenden, um alle drei Sichtweisen einzubeziehen. Sie brauchen eine Kultur der Offenheit und Transparenz miteinander, um vorbehaltlos zusammenarbeiten zu können. Die konventionell eingeübte Abgrenzung von Leistungen, Schnittstellen und Verantwortlichkeiten für Kosten und Risiken untereinander führt hingegen zu unnützen Auseinandersetzungen. Je eher jeder Einzelne für sich und die Gruppe insgesamt erkennt, dass alle in gemeinsamer Verantwortung für die Projektziele einstehen, desto zielgerichteter, effizienter und stabiler werden die notwendigen Aufgaben umgesetzt.

Zur Förderung des unternehmensübergreifenden Denkens werden die Teams auf allen Projektebenen integral besetzt. Dies bedeutet, dass die Experten aller Partner für die jeweilige Fragestellung in der Gruppe die

Lösung entwickeln. Der Arbeitsanteil kann dabei unterschiedlich sein, es müssen auch nicht Vertreter aller Partner im Team sein, jedoch sollte die Sichtweise des Auftraggebers / Nutzers, des Planers und des Ausführenden Berücksichtigung finden. Die Teams nutzen für ihre Arbeit eine gemeinsame, transparente und für alle jederzeit zugängliche Datenlage. Durch diese Vorgehensweise sind die erarbeiteten konsensualen Entscheidungen von großer Qualität und Stabilität. Zugleich wird damit das gemeinsame Verständnis gefördert, Vertrauen aufgebaut und das vorhandene Knowhow bestmöglich genutzt. Mit diesen wesentlichen Elementen der Projektorganisation ist die Zusammenarbeit flexibel in der Lösungsfindung und zugleich schnell in den Entscheidungswegen und damit klar im Vorteil gegenüber den meisten klassischen Organisationsformen.

Diese drei Beispiele zeigen, dass viele Regelungen im Allianz-Modell nicht allein direkt, sondern vielfach und beabsichtigt auch indirekt das Verhalten der Beteiligten steuern. Durch Anreize auf der einen Seite und gegenläufige Wirkmechanismen zur Unterbindung unerwünschten Verhaltens auf der anderen Seite wird ein sich equilibrierendes Gesamtsystem befördert. Im Zusammenspiel mit der kollaborativen Projektkultur bildet dies die Basis für den Erfolg.

„Es braucht Lust auf die gemeinsame Schnitzeljagd: Neugier, Experimentierfreude, der gelassene Umgang mit Unsicherheit und die Lust auf das „Segeln auf hoher See" sind absolut IPA-förderlich!"

Dr. Franziska Kluttig, Culture Coach im IPA-Projekt Neues Werk Cottbus

II. Phasen der Projektallianz

Eine Integrierte Projektallianz besteht aus verschiedenen Phasen, wobei je nach Anforderungen zumeist von zwei, drei oder vier Phasen gesprochen wird. Grundsätzlich sind zunächst zwei Phasen zu unterscheiden:

- **Phase 1** beschreibt die Zusammenarbeit von der Bildung der Allianz mit Abschluss des Mehrparteienvertrags bis zum Zielkostenangebot der Auftragnehmer an den Auftraggeber → Planungsphase, S. 131. Es beinhaltet damit auch die notwendigen Planungsschritte zur Konkretisierung des Projektinhalts, so dass auf dieser Basis die Bewertung von Kosten, Terminen und Risiken im Team erfolgen kann. Die Phase 1 kann weiter in eine Phase 1a und 1b untergliedert werden, wenn zunächst eine Validierung als erstes Zwischenergebnis des Target Value Design (Ende der Phase 1a) durchgeführt werden soll. Je nach dem Ergebnis der Validierung kann der Auftraggeber bereits zu diesem Zeitpunkt das Projekt beenden, wenn die angestrebten Ziele als nicht realisierbar erscheinen. Die Vergütung der Phase 1 erfolgt nach Aufwand auf Basis vertraglich festgelegter, auf die Ist-Kosten begrenzter Stundensätze für die Planungs- und Beratungsleistungen → Vergütungsregelungen, S. 101.

- **Phase 2** beginnt mit der Bestätigung der Zielkosten auf Basis der ausgestalteten Projektziele durch den Auftraggeber. → Projektrealisierungsphase, S. 181 Die Allianz setzt die gemeinsame Planungsarbeit dann bis zur Umsetzungsreife fort und realisiert das Projekt in den vereinbarten Qualitäten, im gesetzten Kosten- und Zeitrahmen, mit dem Bestreben, die Ausführung derart zu optimieren, dass Geld und / oder Zeit eingespart werden können. Die Phase 2 endet mit der Abnahme und der Zahlung der entsprechenden Schlussrechnungen. Die Phase 2 wird nach Ist-Kosten zuzüglich eines Zuschlags für Gemeinkosten und Gewinn vergütet → Vergütungsregelungen, S. 101.

Diese zwei wichtigsten Phasen der Allianz werden durch den „Haltepunkt" der Angebotsprüfung voneinander abgegrenzt. Der Auftraggeber prüft das Angebot der Partner und entscheidet, ob er das Projekt beenden möchte („Exit"), da die Projektziele nicht erreichbar erscheinen, oder ob er das Angebot annehmen und das Projekt fortsetzen möchte. Sollte ein Auftragnehmer in der Phase 1 feststellen, dass die Allianz aus seiner Sicht nicht erfolgreich das Projekt realisieren kann, ist ein Exit für ihn möglich, indem er die Angebotsbearbeitung offen verweigert. Die anderen Auftragnehmer können dann entscheiden, das Angebot ohne diesen Partner abzugeben oder gar nicht. Es ist von großer Bedeutung, dass die IPA-Partner nur dann gemeinsam in die Phase 2 gehen, wenn alle davon überzeugt sind, dass die Realisierung in dem gesetzten Rahmen möglich ist.

- Optional kann eine **Phase 3** vereinbart werden, die die Gewährleistung und / oder den Betrieb des Projektes umfasst, in der alle Partner gemeinsam für Gewährleistungsschäden einstehen und diese beheben und / oder Nachjustierungen in der Betriebsphase durchführen. Es ist auch möglich, dass die Partner den Betrieb übernehmen. Allerdings liegen hierzu aus den aktuellen Projekten in Deutschland noch keine Erfahrungswerte vor.

- Die Phase der Vorbereitung der Allianz wird oft als **Phase 0** bezeichnet. In dieser Phase erfolgt zunächst die Festlegung der Projektziele, ggf. erforderliche Planungsaufgaben oder eine Machbarkeitsstudie sowie die Entscheidung, nach welchem Vertrags- und Vergabemodell das Projekt realisiert werden soll. Sodann werden Vertrag und Vergabeunterlagen vorbereitet und die Vergabeverfahren durchführt. Es ist zu empfehlen, den Marktteilnehmern die Ausschreibungen über eine Marktinformation rechtzeitig bekannt zu machen, um die Bereitschaft für ein IPA-Projekt und damit den Wettbewerb zu fördern. Für die öffentliche Hand gelten hierzu die Vorgaben des Vergaberechts, für private Auftraggeber die individuell in den Organisationen geltenden Regeln für die Partnerauswahl. Ein weiterer wichtiger Bestandteil dieser Phase ist die Sicherstellung der Finanzierung.

Die vorgenannten Phasen sind in nachfolgender Grafik abgebildet.

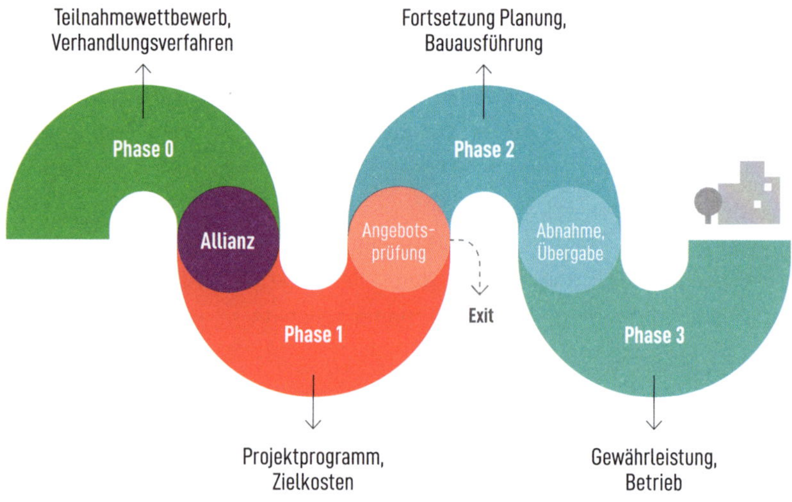

Projektphasen des IPA-Modells

Diejenigen Projektbeteiligten, die die erfolgsrelevanten Leistungen erbringen, bilden die Projektallianz. Die Aufgabe, diese zu identifizieren und zu definieren, obliegt dem Auftraggeber in Phase 0. Als Partner gesetzt ist in jedem Fall der Auftraggeber. Hinzu kommen diejenigen Partner, die die Planungs- und Bauleistungen erbringen. Dabei können verschiedene Konstellationen gewählt werden: Ein oder mehrere Planungsbüros und ein oder mehrere Ausführungsunternehmen werden zu IPA-Partnern und bringen jeweils die ihrer Spezialisierung entsprechenden Leistungen ein. Auch möglich ist, dass mehrere Ausführende Partner der Allianz werden und die benötigten Planungsleistungen durch eigene technische Büros oder miteingebundene Ingenieurbüros erbringen. Ebenso können erfolgskritische Dienstleister aus den Bereichen Erdbau, Logistik oder Berater als Partner der Allianz fungieren. Die Kriterien für eine gute Zusammensetzung sind:

Checkliste

- ☐ Etablieren einer Diskussionskultur mit der Chance auf maximale Innovation, Effizienz und Fehlervermeidung

- ☐ Vermeidung einer Gruppengröße oder -zusammensetzung, die zu Ineffektivität führt (zu wenige Diskutanten oder zu viele Diskutanten mit der Folge von Lagerbildung und Blockade)

- ☐ Mischung aus Auftraggeber-/Nutzeranforderungen, Planungswissen und Erfahrungswerten der Ausführung

- ☐ Eine möglichst gleichmäßige Verteilung der Leistungsvolumen ist hingegen nicht relevant, da jeder Partner, gleich wieviel Leistung er erbringt, eine Stimme hat. Damit wird deutlich, dass nicht allein das Volumen eines Partners entscheidend ist, sondern die Zusammenarbeit der Partner miteinander das Projekt erfolgreich macht.

In den derzeit laufenden Pilotprojekten zeigt sich, dass eine Gruppengröße zwischen 5 und 8 Partnern zu sehr guten Effekten in der Zusammenarbeit führt. Kleinere oder größere Gruppengrößen sind auch möglich, bergen aber mehr Risiko in Bezug auf die o.g. Erfolgskriterien.

Diese Partner der Allianz schließen gemeinsam den Mehrparteienvertrag und bilden damit ein „Unternehmen auf Zeit" für die Realisierung der Projektziele des Auftraggebers. Die weiteren Beteiligten werden im erweiterten Kreis der Allianz eingebunden. Dazu schließen die Partner bilaterale Verträge mit den Beteiligten, seien es weitere Planer, Bauausführende oder Berater.

Für die ersten Projekte ist die Einbindung eines IPA-Coaches sinnvoll, der die Partner der Allianz und deren Mitarbeiter dabei unterstützt, in die neue Form der Zusammenarbeit und gemeinsame Verantwortung für den Projekterfolg zu finden.

Die Aufgaben des Coachings umfassen auf der einen Seite die Etablierung der kollaborativen Projektkultur und auf der anderen Seite die methodische Unterstützung mit entsprechenden Tools für die Umsetzung der integrierten Arbeitsweise.

Ergänzend können Lean Methoden für die effektive Teamorganisation und zielorientierte Lösungsfindung eingesetzt werden. Ein IPA-Manager kann das Team organisatorisch unterstützen. Die Ebenen der Allianz sind in nachfolgender Grafik dargestellt.

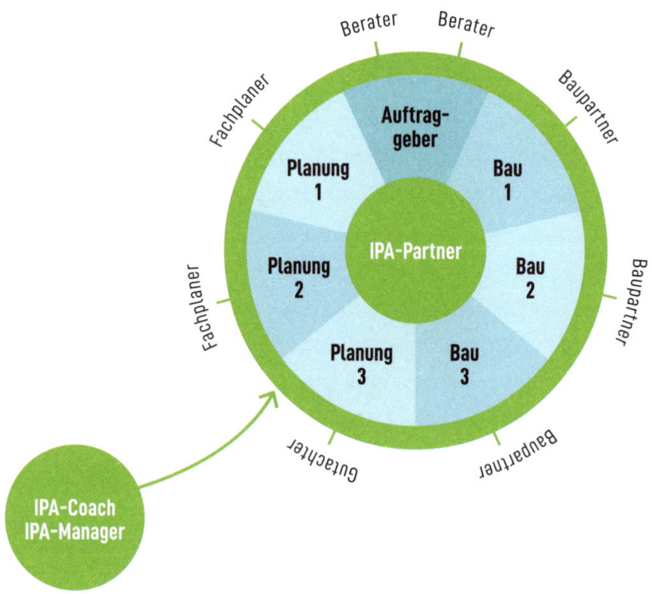

Prinzipdarstellung IPA-Partner

Auf den dargestellten Ebenen können verschiedene Formen der Einbindung, Verantwortungsübernahme und entsprechende Anreizgestaltungen vereinbart werden. Die IPA-Partner im inneren Kreis haben gleiches Stimmrecht und treffen alle Entscheidungen gemeinsam. Die Planungs-,

Bau- und Beratungspartner im äußeren Kreis sind konventionell gebunden und allein kulturell in die Projektallianz integriert. Das PMT kann entscheiden, besonders relevante Partner aus dem äußeren Kreis stärker in das Team einzubinden. Das betreffende Unternehmen erhält dabei kein Stimmrecht, wird aber am wirtschaftlichen Erfolg beteiligt, wenn es gelingt, durch dessen Ideen Optimierungen im Bereich technischer Lösungen oder zur Risikoreduktion zu erreichen.

Gemeinsam zum Erfolg

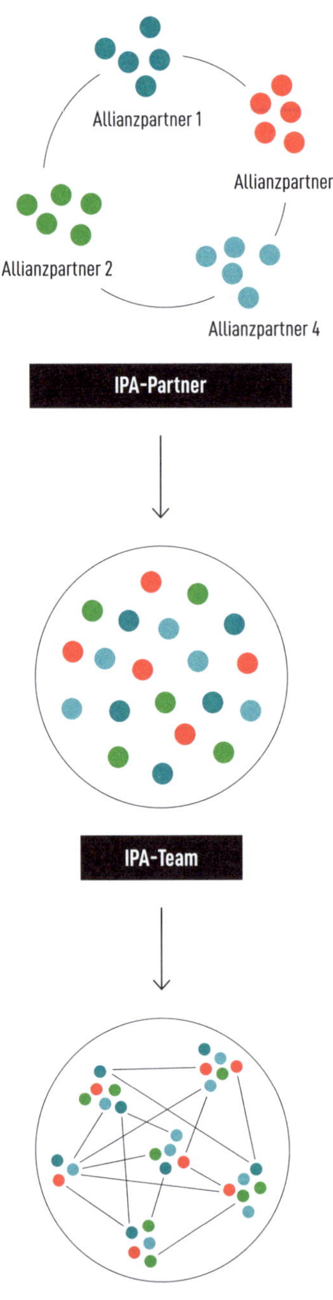
Allianzpartner 1
Allianzpartner 3
Allianzpartner 2
Allianzpartner 4
IPA-Partner
IPA-Team
integral besetzte Teams

III.
Aufbau und Management eines erfolgreichen Teams

Mit der Unterzeichnung des Mehrparteienvertrags ist der Zusammenschluss der Partner als eine IPA (Integrierte Projektallianz) zunächst nur auf dem Papier erfolgt. Zu diesem Zeitpunkt ist die IPA noch eine Gruppe aus vielen Beteiligten verschiedener Unternehmen (Planungs- und Bauunternehmen, sowie Auftraggeber und ggf. Nutzer/Betreiber), die die Aufgabe der gemeinsamen Planung und Ausführung des Bauwerks hat. Für diese Aufgabe ist es von großer Bedeutung, dass aus der Gruppe der Einzel-Teams der Unternehmen ein IPA-Team wird, welches ein gemeinsames Ziel vor Augen hat, gemeinsame Entscheidungen trifft, im Sinne des Leitgedankens „Best for Project" handelt, sich wie ein „Unternehmen auf Zeit" versteht und Projekt- vor Einzel- bzw. Unternehmensinteressen stellt.

Damit die Zusammenarbeit in den organisationsübergreifend integral besetzten Teams gut gelingt, sollten die Teammitglieder folgende Eigenschaften mitbringen:

- Fähigkeit zur offenen und transparenten Kommunikation
- Selbstorganisation
- Fehler- und Feedback-Kultur
- Vertrauen in die eigenen Fähigkeiten und die der anderen Teammitglieder
- Bereitschaft für gemeinsame Verantwortung.

Die Erfolgsfaktoren für den Aufbau, die Entwicklung und Zielerreichung von IPA-Teams können in folgende Komponenten untergliedert werden:

- Art und Struktur des integralen IPA-Teams bzw. der Teilteams,
- Organisation einer transparenten und vertrauensvollen Zusammenarbeit
- Definition von gemeinsamen Werten und Etablierung einer entsprechenden Teamkultur.

Die Inhalte und die Relevanz der vorgenannten drei Aspekte werden unter → Integrale Zusammenarbeit, S. 132 näher erläutert.

Vorab soll an dieser Stelle nur kurz die Projektorganisation im IPA-Team dargestellt werden. Das Team gliedert sich in drei Ebenen:

- die Wertschöpfungsebene mit den Teammitgliedern, die die Planung und Ausführung sowie alle in diesem Zusammenhang erforderlichen Aufgaben übernehmen, bezeichnet als Projekt Implementation Team oder auch PIT.

- die Steuerungsebene, das Projekt Management Team oder auch PMT, das sich aus jeweils einem Vertreter eines jeden Partners zusammensetzt und gemeinsam für den Projekterfolg verantwortlich ist. Es definiert die Strukturen und stellt die notwendigen Abläufe sicher, um die Projektziele gemeinsam zu erreichen.

- Die Unterstützungsebene, das Senior Management Team oder auch SMT, das sich ebenfalls aus jeweils einem Vertreter je Partner zusammensetzt und als Eskalationsebene dem PMT bei schwierigen Entscheidungen zur Seite steht. Es ist außerdem dafür verantwortlich, die notwendigen Rahmenbedingungen wie zB erforderliche Ressourcen bereitzustellen oder Stakeholder von notwendigen Entscheidungen oder Handlungen zu überzeugen und so dem PMT bei der Projektumsetzung zu helfen.

Reflektion für künftige und amtierende PMT-Mitglieder

Du hast Dir ganz schön was vorgenommen.

- ☐ Bist Du bereit, den anderen zu vertrauen?
- ☐ Nicht zu urteilen, bevor Du mit dem anderen gesprochen hast?
- ☐ Einer unter Gleichen zu sein?
- ☐ Ein verlässlicher Partner für Deine PMT-Kollegen zu sein?
- ☐ Dem Heldentum abzuschwören und Teil eines großartigen Teams zu sein?
- ☐ Dich von der Bewertung durch andere – oder deren Handeln – freizumachen?
- ☐ Hast Du immer wieder Geduld, mit Dir und den anderen, die Veränderung zu tragen?
- ☐ Bist Du bereit, Du selbst zu sein?
- ☐ Was sind Deine Fragen an Dich?

IV. Etablierung einer echten Fehlerkultur

Für die lösungsoffene, zielgerichtete Zusammenarbeit ist es überaus hilfreich, wenn die Team-Mitglieder sich eine echte Fehlerkultur aneignen.

> Die „no-blame-policy“ ermöglicht es, die Suche nach Verursachern zur Seite zu schieben und alle Energie in die Lösungsfindung zu investieren.

Mit dem Vertrauen, Fehler machen zu dürfen, wagen die einzelnen Beteiligten mehr – mehr Innovation, mehr Abweichung vom Althergebrachten, mehr Einmischung in die Arbeit der anderen und mehr Mut zu „Verspieltheit“. Gerade in dieser Stimmung, mit diesen Werten finden neue Ideen einen fruchtbaren Boden und Raum sich zu entwickeln. Die Sicherheit, die sich ein Team mit einer echten Fehlerkultur gegenseitig gibt, lässt das Team zusammenwachsen und die „Silos“ verlassen. Zeit ist Geld, das gilt auch in IPA-Projekten. Zeit mit der Suche nach „Schuldigen“ zu vergeuden, kostet das Geld aller. Wenn dies allen Beteiligten klar ist, gelingt die Ausrichtung auf schnelle Entscheidungen und Lösungen, die den Projekterfolg sichern. Zugleich gilt es natürlich, möglichst wenig Fehler zu machen. Auch dies gelingt in der kollaborativen Kultur besser. Diese Mechanismen werden durch entsprechende Regelungen zur → Haftung für Pflichtverletzung, S. 120 unterstützt. Zu einer solchen Fehlerkultur gehört darüber hinaus wertschätzendes Feedback. Lob und Anerkennung fördern den Teamzusammenhalt. An die Stelle der Belastung, die in großen, risikobehafteten Projekten oft empfunden wird, tritt eine Stimmung von Motivation und Aufbruch. Durch den Zusammenhalt im Team und die Ausrichtung auf die gemeinsamen Ziele wandeln sich die Herausforderungen aufgrund der Unsicherheit im Change Prozess, der Dynamik eines IPA-Projektes und der Komplexität der Aufgabenvielfalt in pure Energie.

„IPA bietet die Chance, dem Katz- und Maus-Spiel zwischen Auftraggebern und Auftragnehmern, der Illusion günstiger Angebote zu Beginn und der Realität stetig wachsender Claimgebirge sowie dem Auseinanderdriften der Interessen der am Bau Beteiligten endlich ein Ende zu machen und stattdessen Raum zu geben für ein Ziel, das uns alle verbindet - gemeinsam ein gelungenes Bauwerk zu schaffen und dabei von den wechselseitigen Kompetenzen zu profitieren. IPA ermöglicht Transparenz, Zusammenarbeit auf Augenhöhe und schafft die Freiräume und Motivation, die wir dringend brauchen, um insbesondere anstehende Infrastrukturprojekte zur Zufriedenheit der Nutzerinnen und Nutzer rasch realisieren zu können. Es war für mich eine große Freude mitzuerleben, wie sich die Annahmen, von denen wir für unser Vertragswerk ausgegangen sind, auf der Baustelle der Kattwykbrücke realisiert haben, von den Beteiligten stetig weiterentwickelt wurden und wie insbesondere das Vergütungssystem als Herzstück des IPA-Gedankens seine volle Zugkraft entfaltete. Das Pilotprojekt hat uns gezeigt, dass wir oftmals mehr Möglichkeiten haben, als auf den ersten Blick angenommen und es in unserer Hand liegt, Zusammenarbeit zukunftsfähig zu gestalten!“

Sylvia Lisa Mathias, Rechtsanwältin (Syndikusrechtsanwältin), Juristische Begleitung des Pilotprojekts „iPAK5“ der Hamburg Port Authority

SHORT FACTS:

- Die Integrierte Projektallianz (IPA) ist ein in Deutschland neues Abwicklungsmodell für Bauprojekte. Es unterscheidet sich grundsätzlich von den bisher in Deutschland zur Anwendung kommenden Modellen auf Basis bilateraler Verträge zwischen dem Auftraggeber und den Planern sowie den Baufirmen.

- In einer IPA schließen der Auftraggeber, die Planungsbüros und die Baufirmen gemeinsam einen Mehrparteienvertrag, der primär die Art der Zusammenarbeit regelt. Sie werden zu Partnern, bilden eine Art „Unternehmen auf Zeit" für die Durchführung des Projektes und werden so organisatorisch und wirtschaftlich zu einer Einheit.

- Alle Partner der IPA tragen Risiken und Verantwortung gemeinsam, treffen Entscheidungen im Konsens, begegnen sich auf Augenhöhe und handeln im Sinne des Prinzips „best for project".

- Die Partner bilden gemeinsam ein integrales Team, das sich in drei Ebenen, der Wertschöpfungsebene (PITs), der Steuerungsebene (PMT)- und der Unterstützungsebene (SMT) organisiert.

- Die PITs werden integral durch Vertreter des Auftraggeber, der Planer und der Ausführenden besetzt, um alle Blickwinkel in die Lösungsfindung einzubeziehen.

- Das gemeinsame Ziel des Teams ist es, das Projekt zur Zufriedenheit des Kunden zu planen und zu bauen und dabei wirtschaftlich erfolgreich zu sein.

- Die Prinzipien der IPA erfordern verschiedene Eigenschaften und Fähigkeiten sowie eine kulturelle Veränderung bei den Projektbeteiligten, die durch entsprechendes Coaching unterstützt wird.

- Die Umsetzung eines IPA-Projektes gliedert sich zumeist in drei Phasen – Phase 0 (Vorbereitungsphase) mit der Definition der Projektziele, Vertragsgestaltung und Partnerauswahl, Phase 1 (Planungsphase) mit der gemeinsamen Erstellung der Planungslösung sowie des Zielkostenangebots und entsprechend der Möglichkeit des „Exits" für den Auftraggeber und Phase 2 (Projektrealisierungsphase) mit der Fortsetzung der Planung und der Ausführung bis zur Abnahme. Es schließt sich – wie in konventionellen Projekten – die Gewährleistungsphase an.

- Die Phase 1 kann in Phase 1a und 1b untergliedert werden, wenn eine Validierung erfolgen soll. In diesem Fall kann bereits nach Phase 1a (Validierungsphase) das Projekt durch den Auftraggeber beendet werden, wenn die angestrebten Ziele nicht realisierbar erscheinen („Exit Option").

- Optional kann als Phase 3 der gemeinsam organisierte Betrieb vereinbart werden.

B

Vorbereitungsphase

Phase 0
Vorbereitungsphase

Mit dem Ausgangspunkt der Projektidee beginnt eine Zeit, in der das Team des Auftraggebers vielfältige Aufgaben in der Projektvorbereitung zu erfüllen hat. So stellen sich bei jedem Projekt folgende Fragen:

- **Welche inhaltlichen (technischen, funktionalen) Ziele sollen erreicht werden?**
- **Welche Risiken bestehen?**
- **Wie ist der Termin- und Kostenrahmen zu definieren? Gibt es hierzu Zwangspunkte, zu denen sich die Frage stellt, mit welcher Vergabe- und Vertragsstrategie die erforderlichen Planungs- und Ausführungsleistungen umgesetzt werden?**
- **Wie ist der auftraggeberseitige Ressourcenbedarf und wie kann dieser gedeckt werden?**
- **Wie kann der Nutzer eingebunden werden?**
- **Welche Genehmigungen sind erforderlich?**

Diese und viele weitere Fragen sind Teil der Phase 0, der Projektvorbereitung. Um den Anforderungen bestmöglich zu begegnen, werden verschiedene Varianten für die Projektumsetzung betrachtet und bewertet. Dabei spielt auch die Frage der Vergabe- und Vertragsstrategie eine große Rolle, da hiermit auf Ziele und Risiken reagiert werden kann und so der Projekterfolg sicherer erreichbar wird.

„Geht nicht, gibt's nicht! Wenn Du glaubst, es geht nicht weiter, dann ist es Zeit für IPA!"

Kai-Apke Hamel, PMT im IPA-Projekt „Allianz 3 Schulen Bremerhaven" für die Stäwog

I. Eignung von Projekt und Organisation für IPA

In der Projektinitialisierungsphase, also vor dem Start der Phase 0, hat der Auftraggeber über die Wahl des Vergabe- und Vertragsmodells zu entscheiden. Kommt die Umsetzung als IPA in Betracht, stellt sich die Frage, welche Kriterien ein Projekt erfüllen muss, um als IPA-Projekt geeignet zu sein. Oftmals wird diese Frage nur am Projektvolumen festgemacht. Dies ist jedoch zu kurz gegriffen.

Das Modell der IPA bietet viele Vorteile für alle Arten von Projekten. Die Frage könnte daher eher andersherum gestellt werden: Welches Projekt eignet sich nicht als IPA-Projekt? Hierzu wird oftmals der höhere Aufwand für die Kulturveränderung im Kontext des Mehrparteienvertrags genannt. Aber auch hier lohnt es, näher hinzuschauen.

Die Beurteilungskriterien, die zunächst ins Auge springen, sind:

- Grad der Komplexität, hierzu gehört auch die Anzahl der Beteiligten, bzw. der Ingenieurdisziplinen
- Lösungsoffenheit zur Erfüllung der Conditions of Satisfaction (CoS) des Betreibers, bzw. Bedarfsträgers
- Projektvolumen, bzw. Projektbudget
- Anzahl und Größe der Risiken

Hinzu kommen folgende eher „weiche" Kriterien:

- Rahmenbedingungen der Auftraggeberorganisation (private und öffentliche)
- Kultur der möglichen Partner, Bereitschaft des Marktes für das angedachte Projekt für die IPA

Die IPA bietet ein Set-up, in welchem die Innovationsfähigkeit der Partner frei zur Entfaltung kommen soll und kann.

Dabei geht es darum, die gemachten Erfahrungen und erlangten Fähigkeiten der Partner bestmöglich einsetzen zu können. Damit gelingt es, ein optimal auf den Auftraggeber zugeschnittenes Produkt zu entwickeln und zu realisieren, bei gleichzeitig größtmöglicher Stabilität in Prozessen, Terminen und Kosten und bester Ressourceneffizienz.

Bietet das Projekt den Raum für die Nutzung dieser Effekte, ist es für die Umsetzung als IPA geeignet. Der Raum wird aufgespannt durch die Komplexität der Aufgabenstellung, die Anzahl der Beteiligten, die immanenten Risiken und die Offenheit der Lösung.

Dies soll in folgenden Beispielen verdeutlicht werden.

Die klare Vorgabe der → Conditions of Satisfaction, S. 52 und die Lösungsoffenheit hängen unmittelbar zusammen und sollten im Kontext gesehen werden.

- **Ist der Bedarf aus Betreibersicht auf der einen Seite klar definierbar und lässt dem IPA-Team auf der anderen Seite genug Raum für die Planung und die Ausführung als optimale Lösung aus einem Set-up mehrerer möglicher Lösungswege?**

Beispiel A:
„Es wird eine Straßenbrücke, mit einer Spannweite von 24,50m, einer Fahrbahnbreite von 8,90m, in VFT-Bauweise mit drei Hauptträgern, Stahlbetonwiderlagern und einer Tiefgründung mittels je 8 Stk Großbohrpfählen in 1,2m Durchmesser und Absetztiefe von 22,50m benötigt. Durchgeführt wird das Projekt in 6 Bauphasen in Taktbauweise, die dem beiliegenden Detailterminplan entnommen werden können."

Beispiel B:
„Es soll ein Bürogebäude mit 6 Stockwerken von je 320m^2 und einer Deckenhöhe von 3,80m, ohne Kellergeschoss gebaut werden. Das Gebäude soll ein Stahlbetonrahmenbau aus Betonfertigteilen, mit einer Pfosten-Riegel Fassade sein. Die Gründung wird durch eine steife Sohle mit der einer Dicke von 1,85m auf 124 Stk Kleinbohrpfählen hergestellt. Die Gebäudetechnik wird durch eine dezentrale Lüftung betrieben, deren Standorte Sie den beiliegen Ausführungsplänen entnehmen können. Die Taktung der Gewerkezüge entnehmen Sie dem beiliegenden Detailterminplan."

Die beiden Beispiele zeigen, dass sehr starre Vorgaben des Betreibers oder Auftraggebers im Hinblick auf Baustoffe, Bauverfahren und Bauabläufe den späteren IPA-Partnern keinen Raum lassen, die eigenen Erfahrungen und Fähigkeiten für Innovationen einzusetzen.

Kann der Betreiber jedoch den späteren Nutzen des Projektes mittels CoS beschreiben, bekommen die späteren IPA-Partner den nötigen Rahmen, ihr Potential voll auszuschöpfen.

Die Beispiele könnten also auch folgendermaßen definiert werden:

Beispiel A:
„Es wird eine Straßenbrücke zwischen den Punkten 1 und 2 für einen Verkehrsaufkommen von x benötigt. Das Bauwerk soll eine Lebensdauer von 70 Jahren aufweisen und einen geringen Wartungs- und Instandsetzungsaufwand haben. Die Setzung der Widerlager soll max. 4 cm betragen. Die lichte Durchfahrtshöhe unter der Brücke soll 8,5 mNN betragen und die mögliche Ausbautiefe der Gewässersohle auf -6,6 mNN zulassen. Die Brücke muss zum Dezember in zwei Jahren in Verkehr gebracht werden und der Schiffsverkehr darf während der Bauphase für maximal 2 Wochen unterbrochen werden."

Beispiel B:
„Es wird ein Bürogebäude für die Firma L benötigt. Neben festen Büroarbeitsplätzen sind Besprechungsräume und Open Space Arbeitsbereiche mit offenen Sichtbeziehungen und einer transparenten Fassade erforderlich. Die Anzahl der Mitarbeiter und Arbeitsplätze entnehmen Sie bitte der Bedarfsermittlung. Eine Bauweise mit nachhaltigen Baustoffen, der Betrieb mit erneuerbaren Energien und die Zertifizierung des Gebäudes nach Platinstandard sind entscheidend. Die Belegschaft muss in drei Jahren das alte Bürogebäude verlassen haben und im neuen Gebäude den Betrieb aufnehmen. Eine entsprechende Einzugszeit ist mit dem Betreiber abzustimmen und in den Terminplan einzuplanen. Zur Inbetriebnahme der Gebäude- und IT-Technik muss der Betreiber vier Monate vorher die entsprechenden Technikräume übergeben bekommen."

Je detaillierter die Vorgaben sind, desto mehr wird der Rahmen für die Lösungsfindung durch die IPA-Partner eingeschränkt. Dieses Vorgehen kann steuernd ganz bewusst eingesetzt werden. Es sollte sich jeder Auftraggeber nur klarmachen, ob und wie er dieses Werkzeug einsetzen möchte.

Wird hingegen zu Beginn wenig im Detail vorgegeben, haben die IPA-Partner alle Freiheit, eine innovative Lösung zu entwickeln und ihre Fähigkeiten und Erfahrungen bestmöglich einzubringen. Sie werden so das Projekt im Rahmen der CoS sicher zum Erfolg führen. Durch diese Methode wird aktiv die Innovationsfähigkeit der Partner und auch des Auftraggebers gefördert.

Die Fragen zur Projekteignung sind also vielfältig und sehr projektindividuell. Eine entsprechende Checkliste könnte folgendermaßen aussehen:

Checkliste

- ☐ Rahmenbedingungen der Auftraggeberorganisation (private und öffentliche) vorhanden?
- ☐ Kultur der möglichen Partner, bzw. Bereitschaft des Marktes für das angedachte Projekt für die IPA vorhanden?
- ☐ Lösungsoffenheit zu Erfüllung der Conditions of Satisfaction (CoS) des Betreibers, bzw. Bedarfsträgers vorhanden?
- ☐ Individuelle, bzw. Innovative Lösungen durch die Partner gewünscht?
- ☐ Grad der Komplexität und Dynamik. Umso komplexer und dynamischer, umso höher die IPA-Eignung.
- ☐ Projektvolumen und Planungsstan lassen Innovation und Anreize zu.

II.
Projekt Set-up

Wenn Sie sich für die Umsetzung mit IPA entschieden haben, folgen wesentliche erste Schritte zur Klärung der Aufteilung der Leistungen auf die Partner, zur Absicherung der Finanzierung, zur Frage, wieviel Planung vor Allianzbeginn notwendig und wie der gesamte Rahmen der eigenen Organisation und weiterer Externer so zu gestalten und zu organisieren ist, dass das Projekt in einer funktionsfähigen Umgebung und mit gut ausgestalteten Randbedingungen starten kann.

1. Planungsstand zum Startzeitpunkt

Um bei der Erarbeitung der Planungslösung die Kompetenzen aller Partner bestmöglich nutzen zu können, startet die Allianz im optimalen Fall zum frühestmöglichen Zeitpunkt. Nur, wann ist dieser Zeitpunkt? Je nach Projektinhalt und Rahmenbedingungen gibt es hierauf verschiedene Antworten. Folgende Fragen helfen, den richtigen Zeitpunkt für das individuelle Projekt zu bestimmen.

- **Ist der Bedarf geklärt (und bei öffentlich finanzierten Projekten auch gebilligt)?**
- **Sind die Ziele klar formuliert und ggf. schon als** → Conditions of Satisfaction, S. 52 **allgemein anwendbar definiert?**
- **Ist das Projekt bauplanungsrechtlich genehmigungsfähig? Besteht bereits eine Baugenehmigung oder ein Planfeststellungsbeschluss für die betreffenden Flächen?**
- **Sind etwaig vorhandene Bestandsbauwerke erfasst und ist geklärt, ob diesbezügliche Maßnahmen Teil des Projektes werden sollen?**

- **Ist der grobe zeitliche Rahmen bekannt?**
- **Sind die Risiken erkannt, erfasst und grob bewertet?**
- **Ist die Finanzierung der ersten Planungsschritte zur Projektvorbereitung (Phase 0) und der Planungsleistungen bis zum Zielkostenangebot (Phase 1) bestätigt?**
- **Sind die einzuhaltenden Randbedingungen für die Planungs- und Bauzeit, wie zB Interimszustände erfasst und sind in diesem Zuge relevante Stakeholderinteressen berücksichtigt worden?**
- **Liegt eine Machbarkeitsstudie vor?**
- **Ist geklärt, ob ein Planungswettbewerb nach RPW 2013 (Richtlinie für Planungswettbewerbe) erforderlich ist?**
- **Sind ausreichend Marktteilnehmer bereit, sich zu einem sehr frühen Zeitpunkt – auf Basis der Machbarkeitsstudie – auf das Projekt einzulassen?**
- **Stehen ausreichende Kapazitäten auf Auftraggeberseite zur Begleitung des Projektes zur Verfügung?**

Für die Durchführung von Bauaufgaben des Bundes nach neuer RBBau (Richtlinien für die Durchführung von Bauaufgaben des Bundes) entsprechen die Antworten auf diese Fragen in etwa dem Umfang der Initialen Projektunterlage. Zusammenfassend könnte hier also gefragt werden, ob die bestätigte Initiale Projektunterlage vorliegt.

Wenn alle diese Fragen bejaht werden können, kann die Vorbereitung des Projektes mit den im folgenden Kapitel beschriebenen Schritten umgesetzt werden. Sind einzelne Fragen noch ungeklärt, gilt es zunächst, die erforderlichen Prüfaufträge zu veranlassen und umzusetzen.

Je nach Projekt bedürfen die folgenden Punkte besonderer Beachtung:

- Masterplanung
- Gestaltungswettbewerb
- Planrecht

Geht es beispielsweise um die Entwicklung eines Areals, innerstädtisch oder auch angrenzend, mit einem neuen Wohnviertel, der Entwicklung eines Campus oder einer Industriefläche, kann aus dem Zusammenwirken mit der Umgebung oder mit den Bestandsbauwerken das Erfordernis bestehen, zunächst einen Masterplan für die Baumaßnahme zu entwickeln. Bestandteile dieser Masterplanung können sein:

- Städtebauliche Ein- und Anbindung
- Denkmalschutz
- Flächennachweis
- Konzepte für Energienutzung, Nachhaltigkeit, Vegetation, Wasser, Mobilität und Verkehr

Im Ergebnis enthält der Masterplan dann Vorgaben für die zu errichtenden Nutzungen und Flächen als städtebauliches Massenmodell, den Denkmalschutz und den Termin- und Kostenrahmen sowie Baustufen und ggf. auch gestalterische Vorgaben für Gebäude und Freianlagen. Dies kann nützlich sein, um dem Gestaltungsfreiraum der IPA-Partner an den richtigen Stellen bestehende oder mit relevanten Stakeholdern abgestimmte Grenzen aufzuzeigen und so späteren Aufwand in der Abstimmung und entsprechende Planungsiterationen zu vermeiden.

In bestimmten Fällen werden Planungswettbewerbe durchgeführt, um Architektur und Baukultur miteinander zu verbinden und bei der Gestaltung des öffentlichen Raums zu berücksichtigen sowie Interessen der Öffentlichkeit einfließen zu lassen.

In der „Richtlinie für Planungswettbewerbe – RPW 2013" des Bundesministeriums für Umwelt, Naturschutz, Bau und Reaktorsicherheit (BMUB) ist erläutert, dass bei großen wie bei kleinen Baumaßnahmen sowie beim Bauen im Bestand die Qualität der Entwurfslösung mithilfe „eines Ideen-Wettstreits um die beste Lösung für städtebauliche, architektonische, baulich-konstruktive oder künstlerische Aufgaben erreicht und erhalten werden kann." Als Grundsätze für diesen Wettbewerb gelten die Gleichbehandlung aller Teilnehmer, die Klarheit der Aufgabenstellung, Wirtschaftlichkeit, Kompetenz im Preisgericht, Anonymität der Teilnehmer und das Auftragsversprechen. Mit dem offenen Wettbewerbsverfahren werde das „nachhaltige Planen und Bauen" und im Besonderen „die ästhetische, technische, funktionale, ökologische, ökonomische und soziale Qualität der gebauten Umwelt" gefördert.

Gemäß Bekanntmachung vom 31.01.2013 ist diese Richtlinie „für alle Planungswettbewerbe, die im Bereich des Bundesbaus ab dem 1. März 2013 ausgelobt werden", anzuwenden. Für alle anderen öffentlichen und privaten besteht eine Empfehlung zur Anwendung.

Unter dem Blickwinkel der Vorbereitung einer Projektallianz und der Auswahl der bestmöglichen Partner stellt der Umgang mit dieser Vorgabe für den Bundesbau bzw. Empfehlung für alle anderen Bauvorhaben eine gewisse Herausforderung dar, die aber lösbar ist.

Für Bauvorhaben des Bundesbaus ist die Vorgabe umzusetzen. Der als IPA-Partner zu bindende Objektplaner ist also unter der Anwendung der RPW 2013 auszuwählen. Um den unter → Auswahl des IPA-Teams, S. 64 beschriebenen Anforderungen außerdem Genüge zu tun, ist der Auswahlprozess so zu gestalten, dass sowohl die Vorgaben der RPW 2013 als auch die Vergabekriterien für die Auswahl von IPA-Partnern Berücksichtigung finden. Damit ergeben sich folgende Bewertungsaspekte:

nach RPW 2013

- ästhetische, technische, funktionale, ökologische, ökonomische und soziale Qualität

nach Allianzkriterien

- Bereitschaft für IPA-Partnerschaft im Mehrparteienvertrag mit allen dort getroffenen Regelungen zu Zusammenarbeit, gemeinsamer Verantwortung und Urheberschaft, Vergütung, Haftung etc,
- technische Leistungsfähigkeit, Personaleinsatzkonzept, persönliche Qualifikation der Führungskräfte,
- Team- und Innovationsfähigkeit,
- preisliche Kriterien (Stundensätze und Zuschlagssätze).

Für alle Verfahren, die nicht Bauvorhaben des Bundesbaus betreffen, gilt keine Pflicht sondern lediglich die Empfehlung zur Umsetzung. Entscheidet sich der Auslobende entgegen der Empfehlung den Objektplaner ohne Planungswettbewerb auszuwählen, so fließen die vorgenannten Aspekte des RPW dann über die technische Leistungsfähigkeit in die Auswahl ein, da sie natürlich in jedem Fall für die Wertung von Relevanz sind. Allein das Wettbewerbsverfahren an sich entfällt dann. Dies hat den Vorteil, dass alle Partner der Allianz mit schematisch gleichen Vergabeverfahren ausgewählt werden können, so dass auch zeitlich eine weitgehende Parallelisierung der Verfahren möglich ist. Dies ist durch den erheblich längeren Ablauf bei Durchführung nach RPW nicht möglich. Um dennoch den berechtigten Interessen der Fachwelt, der Öffentlichkeit und des Nutzers nach Beteiligung am gestalterischen Prozess zu begegnen, bietet es sich an, diese auf anderem Weg einzubinden. Dies kann über einen Auswahlprozess mit externer Jury (besetzt durch Kammervertreter, Politik, Nutzer etc) auf Basis der Vorentwürfe erfolgen oder über den Einsatz eines externen Gestaltungsbeirats, der zu bestimmten Zeitpunkten in Entscheidungen einzubinden ist. Eine weitere Möglichkeit könnte sein, im Rahmen der Masterplanung die Vorgaben der RPW umzusetzen und in diesem Zug enge gestalterische Eckpunkte zu definieren, die in allen folgenden Planungsschritten bestmöglich eingehalten werden müssen.

Zuletzt sei noch der Aspekt des Planungsrechts beleuchtet. Für Hochbaumaßnahmen besteht zumeist Planungsrecht, bevor die nähere Planung des einzelnen Bauvorhabens in Angriff genommen wird. Anders ist es bei Maßnahmen der Infrastruktur. Durch das einerseits große öffentliche Interesse am Ausbau der Infrastruktur, der andererseits hingegen erheblichen Betroffenheit der Bürger, des Naturschutzes und weiterer Aspekte entstehen Interessenkonflikte. Zudem ergeben sich viele Teilaspekte erst aus der Art der Umsetzung. Die sog. Planfeststellung erfolgt daher erst auf Basis der Entwurfsplanung. Die recht lang dauernden Genehmigungsabläufe bis zum Planfeststellungsbeschluss von bis zu drei Jahren mit dem Risiko der weiteren Verzögerung durch Klageverfahren stellt ein besonderes Risiko für den zeitlichen Verlauf von Projekten dar. Es ist daher abzuwägen, ob die Allianz mit Beginn der Planung geschlossen werden soll und damit die Antragsunterlagen für die Planfeststellung gemeinsam unter Einbringung aller vorhandener Kompetenz und entsprechender Innovationskraft erarbeiten kann, dann aber dem zeitlichen Risiko der Genehmigungsphase ausgesetzt ist und hierzu Wege entwickeln muss, damit umzugehen. Oder ob es unter Bewertung der Marktlage als zielführender erscheint, zunächst durch ein Planungsteam in klassischer Weise die Unterlagen für die Planfeststellung erarbeiten zu lassen und erst nach Vorlage des Planfeststellungsbeschlusses die IPA-Partner zu wählen und die gemeinsame Bearbeitung beginnen zu lassen. Dies hat den Nachteil, dass die dem Beschluss zugrunde liegende Planungslösung umzusetzen ist und damit für Innovation nur wenig Spielraum bleibt. Dennoch ist beispielsweise im Allianz-Modell der Deutschen Bahn, dem „Partnerschaftsmodell Schiene"[1] diese Variante explizit vorgesehen.

Der Planungsstand zum Startzeitpunkt der Allianz muss also ausreichen, um das Projektprogramm und die Projektziele zu formulieren, die Projektrisiken zu benennen und den Zeitrahmen zu vereinbaren. Darüber hinaus muss die Finanzierung für die Phase 1 bis zur Vorlage des Zielkostenangebotes für Phase 2 gesichert sein. Alle darüber hinausgehenden Planungsschritte sind möglich, wenn Marktanforderungen, Genehmigungsaspekte oder Stakeholder-Interessen dies erfordern, zugleich sollte aber klar sein, dass immer abgewogen werden muss, ob die vermeintlich größere Sicherheit durch einen tieferen Planungsstand mit einer entsprechenden Einschränkung für die Entwicklung einer innovativen Planungslösung durch die Allianz einhergeht. Daher sollte immer der Zeitpunkt gesucht werden, in welchem die Planungsüberlegungen nur so tief wie nötig definiert sind und damit die Lösungswege so vielfältig und offen wie möglich bleiben.

1 Die Umsetzung des Partnerschaftsmodell Schiene sieht den Start der Allianz wahlweise zur LP3 in den Modellvarianten 3 / 3+ oder zur LP 5 in den Modellvarianten 5 / 5+ vor, siehe Sundermeier/ Beidersandwisch Partnerschaftsmodell Schiene.

2. Zuschnitt der Leistungspakete und Marktgängigkeit

Eine weitere auftraggeberseitige Aufgabe besteht darin festzulegen, wer die erfolgsrelevanten Partner für die Allianz sind und die entsprechenden Vergabeverfahren durchzuführen. Hierfür hat sich ein iteratives Vorgehen bewährt. Zunächst überlegt der Auftraggeber welche Hauptgewerke in Planung und Ausführung für die Realisierung des Projektes erforderlich sind. Die dafür zu findenden Partner müssen alle Nebengewerke mitabdecken können, entweder in Eigenleistung oder durch Nachunternehmer. Neben der optimalen Leistungsabdeckung ist von großer Relevanz, dass eine gute Diskussionskultur im Projekt und insbesondere auf der PMT-Ebene entstehen kann. Dafür müssen die Partner zum einen über ihren Leistungsbereich bestens Bescheid wissen und zum anderen im Bereich der Schnittstellen zu den Leistungsbereichen der anderen Partner so viel Knowhow besitzen, dass gemeinsam beste Lösungen gefunden werden können. Es braucht also eine Wertschöpfungstiefe, die fachlich fundierten Austausch und damit gemeinsame Ideen für Innovation ermöglicht.

Dies soll anhand von einigen Beispielen erläutert werden. Bilden der Auftraggeber, ein Generalplaner und ein Generalunternehmer die Allianz eines Hochbauprojektes, so erscheint dies mit den herkömmlichen Erfahrungen und dem daraus resultierenden Bestreben nach klaren Schnittstellen als günstig. Es sind zudem nur drei Meinungen in Konsens zu bringen. Unter den Zielen der optimalen Produktentwicklung ist eine solche Allianz jedoch eher ungünstig. Durch die Vertretung der Planung und der Ausführung durch jeweils nur einen Repräsentanten wird die Diskussion über Lösungen eher „inhouse" und damit im Silo geführt, nicht jedoch mit den anderen Partnern. Damit kann das übergreifend vorhandene Knowhow nicht nutzbar gemacht werden. Diese Silos aufzubrechen kann durch große Offenheit, die Zusammenarbeit in der Colocation und das Herausfordern der gemeinsamen Planung durch Lean Methoden gelingen. Die Voraussetzungen dafür sind in dieser Konstellation aber nicht die Besten. Das gilt ebenso für die Auftraggeberseite und das dort vorhandene Wissen der Nutzer- und Betreibereinheiten. Die Gefahr des Zurückfallens in alte Rollenmuster ist für alle Beteiligten groß.

Deutlich besser stellt sich die Allianz auf, wenn beispielsweise Auftraggeber, Planung und Bauausführung durch jeweils zwei Partner vertreten sind. Für den Hochbau könnte dies der Auftraggeber und der Nutzer, der Objektplaner (mit Tragwerksplanung und Freiraum) sowie der TGA-Planer und für die Ausführung der erweiterte Rohbau (mit Fassade, Dach und Außenanlagen) und der Komplettausbau (mit TGA) sein. Die Wertschöpfungstiefe wäre hiermit eine Ebene näher an der Produktionsebene. In der Folge könnte die Anzahl der einzubindenden Nachunternehmer reduziert und die Nachnachunternehmerebene vermieden werden und die Diskussion über gute Lösungen würde intensiviert. Durch die Einbindung des Nutzers (als Endkunde) wäre ein direkter Abgleich zur Erreichung der gesetzten Ziele gegeben. Zugleich stellt sich hier jedoch die Frage der Marktgängigkeit.

- **Ist der Zuschnitt für die Ausführung optimal? Gibt es ausreichend Unternehmen am Markt mit diesem Leistungsprofil oder der Bereitschaft, als Teil-Generalunternehmer dieses Paket abzudecken?**

Der öffentliche Auftraggeber sieht sich an dieser Stelle außerdem der Verpflichtung zur Maßgabe der Förderung des Mittelstandes gegenüber. Bei großen Projekten und einer Aufteilung der Bauleistungen auf beispielsweise drei Partner sind Leistungsanteile von 50 Mio. EUR bis 100 Mio. EUR keine Seltenheit. Fraglich ist, ob derartig große Vergabelose überhaupt gebildet werden dürfen, weil hierdurch gegen das Gebot der Vergabe marktgängiger Einzellose gemäß § 97 Abs. 4 S. 2 GWB verstoßen werden würde. Sprechen jedoch wirtschaftliche oder technische Gründe dafür, die im Rahmen des Vergabeverfahrens zu dokumentieren sind, dürfen einzelne Fachgebiete (Fachlose) zusammen vergeben werden (§ 97 Abs. 4 S. 3 GWB).[2]

2 Zur Verpflichtung der Losbildung siehe Boldt/Rodde Mustervertragsbedingungen S. 58 ff.

Nicht zuletzt ist von großer Relevanz, wie die aktuelle Marktlage in Bezug auf die vorgesehene Losaufteilung aussieht. Da der Auftraggeber hier nur bedingt Einblick hat, ist es hilfreich, mit den Marktteilnehmern in einen Dialog zu treten. Um die Maßgaben der Gleichbehandlung und Transparenz einzuhalten, ist ein solches Verfahren über die Vergabeplattform und weiträumig über Verbände etc bekannt zu machen. Alle Interessenten sind gleichberechtigt zuzulassen.

Dabei können das Projekt und die geplante Losaufteilung sowie besondere Schnittstellen, Randbedingungen und Risiken vorgestellt und sodann das Feedback der Marktteilnehmer aufgenommen werden. Es bietet sich an, hierzu die interessanten Fragestellungen in kleineren Teams zu diskutieren, ggf. losspezifisch und im besten Fall integral, also unter Beteiligung von Vertretern von Bauunternehmen und Planungsbüros, um bereits auf diese Weise die Diskussion miteinander zu fördern und allzu einseitigen Sichtweisen zu begegnen. Da die Allianz eine gute Umgebung für die effektive Zusammenarbeit aller Partner bilden soll, ist es im Interesse des Auftraggebers, das Feedback aller potentiell Beteiligten gleichermaßen zu berücksichtigen.

Im Ergebnis sollte geklärt sein,

- ob die Leistungen losweise sinnvoll zusammengefasst sind oder ob der Markt eine Änderung diesbezüglich präferiert,

- ob sich einzelne Bieter an mehreren Verfahren beteiligen wollen und dies ggf. aus kapazitiven Gründen nur dann könnten, wenn die Verfahren so gestaffelt sind, dass sie ausschließen können, mehrere Lose zu gewinnen und

- ob für alle Verfahren eine ausreichende Anzahl potentieller Bieter bereitsteht, um die Vergabe im Wettbewerb sicherzustellen.

Unabhängig von vergaberechtlichen Einschränkungen ist zu beachten, dass durch die Einbindung von Nachunternehmern der Mittelstand in jedem Fall in die Wertschöpfungskette integriert ist.

Durch die kooperative Gestaltung der Nachunternehmereinbindung profitieren auch die so beauftragten Unternehmen von der neuen Projektkultur und der Integrierten Projektallianz, auch wenn sie nicht direkt auf der Partnerebene agieren. Bei kleineren Projekten mit Partneranteilen von beispielsweise zwischen 15 Mio. EUR und 30 Mio. EUR werden sich Unternehmen des klassischen Mittelstands beteiligen und zudem den Vorteil einer größeren Eigenfertigungstiefe einbringen können.

Als weiteres Beispiel sind die Besonderheiten in Infrastrukturprojekten zu nennen. Für ein Bahn-, Straßen- oder Wasserbauprojekt kann oftmals ein Großteil der Grundlagen-Planung durch ein Ingenieurbüro abgedeckt werden. Die Ausführungsplanung übernehmen im Anschluss die Ausführenden mit ihrem besonderen technischen Knowhow. Für Spezialgewerke besteht hingegen die Herausforderung, dass nur wenige Marktteilnehmer vorhanden sind, die wiederum klar vorgeben, welche Planung sie erwarten und welche sie selbst übernehmen. Hier gilt es den richtigen Zuschnitt zu wählen, um entsprechende Angebote zu erhalten. Die Einbindung des Betreibers ist insbesondere beim Umbau im Betrieb von hoher Relevanz. So kann gemeinsam auf Änderungen im Projekt reagiert werden, Entscheidungen können schnell und unter Berücksichtigung aller Randbedingungen getroffen werden. Aber dennoch ist zu berücksichtigen, dass die o.g. Diskussionskultur nach bestem Vermögen gefördert wird. Nur dann kann das Potential der integralen Arbeitsweise nutzbar gemacht werden.

Nicht zu unterschätzen ist die Herausforderung, den Zuschnitt so zu wählen, dass alle Partner über die Zeitdauer der Allianz von Planungsbeginn bis Abnahme oder darüber hinaus ein gemeinsames Interesse am Erfolg haben. Wählt man beispielsweise die Gründung und den Tiefbau als einen Partneranteil, steht in Frage, ob dieser Partner nach Abschluss seiner Leistung noch Zeit, Energie und Interesse für die weitere Bauausführung aufbringen wird, weil seine Möglichkeiten zur Steuerung und Verbesserung des Projektergebnisses ab diesem Zeitpunkt für ihn sehr überschaubar erscheinen. Ein anderes Beispiel ist die begleitende Kampfmittelsondierung. Diese kann bei iterativer Sanierung einer Kaimauer beispielsweise von größter Relevanz für den Erfolg im Sinne der zeitlich optimierten Planung / Umplanung / Bauausführung sein und wäre dann auch von Beginn bis Ende der Baumaßnahme aktiv beteiligt. Denkt man die Allianz bis in den Betrieb, ist es wiederum schwierig einen Anreiz für die Planer und auch jene Ausführende, die von ihrer Ausrichtung her mit operationalen Leistungen nicht befasst sind, bis in diese Phase zu gestalten. Von untergeordneter Bedeutung ist die Höhe der Leistungsanteile. Es wird also keine möglichst gleich große Verteilung der Volumina angestrebt. Aufgrund der Stimmrechte (eine Stimme je Auftragnehmer) und Entscheidung vorranging im Konsens auf der einen Seite und der Vergemeinschaftung des Beteiligungsbeitrags (BB) für Verlust und Gewinn auf der anderen Seite sind die Grundlagen für echte Kollaboration gelegt. Es kommt folglich weniger auf das Volumen des einzelnen Leistungsteils als vielmehr auf dessen Erfolgsrelevanz an. Abschließend ist festzuhalten, dass der Zuschnitt so zu wählen ist, dass all jene, die gemeinsam den Erfolg verantworten, Partner der Allianz werden. All diese Beispiele sollen Denkanstöße geben und zeigen, dass nicht immer die erste, augenscheinlich sinnvolle Aufteilung die beste sein muss, sondern auch hier die optimale Lösung durch Hinterfragen, Weiterentwickeln, Ausprobieren gefunden werden wird.

Zur Veranschaulichung finden sich nachfolgend drei Beispiele für eine mögliche Partneraufteilung.

Beispiel Hochbau

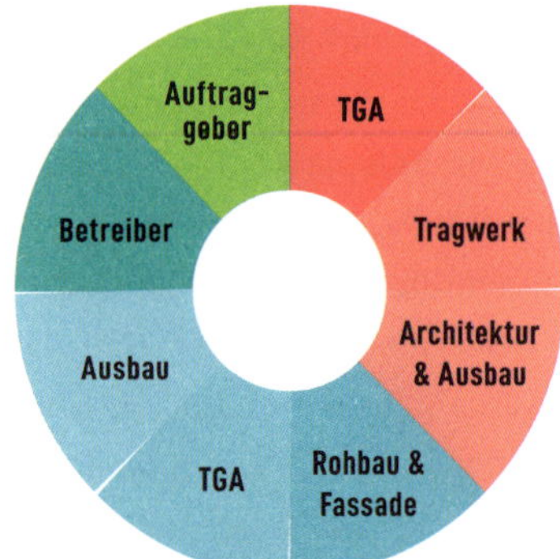

Beispiel Infrastrukturbau
zB Schleuse

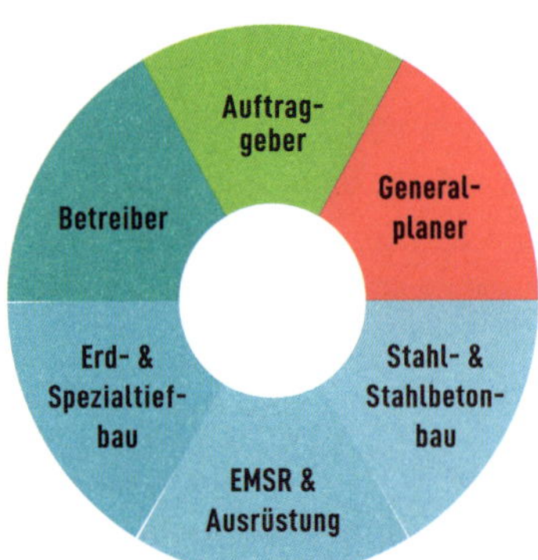

Beispiel Infrastrukturbau
zB Straßenbau

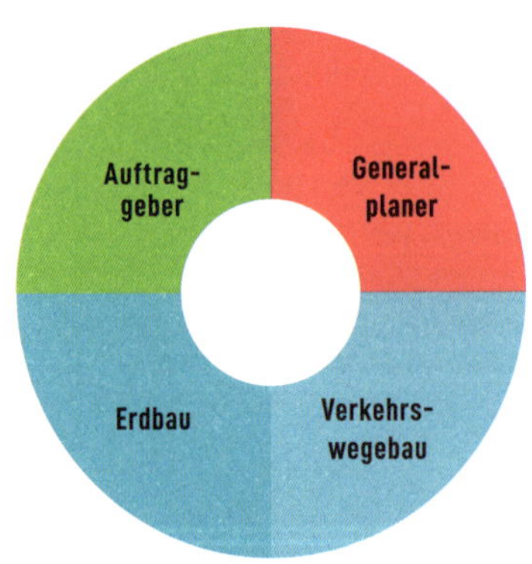

Beispiele für eine Partneraufteilung

3. Exkurs: Öffentliches Haushaltsrecht

Die vorstehenden Erörterungen zum Loszuschnitt zeigen bereits, dass ein öffentlicher Auftraggeber bei der Umsetzung einer Integrierten Projektallianz im Hinblick auf die Auswahl der Partner noch größeren Herausforderungen ausgesetzt ist als ein privater Auftraggeber. Gleiches gilt für die haushaltsrechtlichen Rahmenbedingungen.

Die frühe Auswahl und Einbeziehung der bauausführenden Unternehmen bereits in den Planungsprozess könnte aufgrund haushaltsrechtlicher Regelungen dann problematisch sein, wenn ohne Kenntnis der eigentlichen Baukosten die bauausführenden Unternehmen verbindlich auch bereits für die Bauphase beauftragt würden. Nach §§ 24 und 54 BHO dürfen beispielsweise Baumaßnahmen des Bundes erst veranschlagt werden, wenn Pläne, Kostenermittlungen und Erläuterungen vorliegen, aus welchen die Art der Ausführung, die Kosten der Baumaßnahme, des Grunderwerbs und der Einrichtungen sowie die vorgesehene Finanzierung und ein Zeitplan ersichtlich sind. Für den Beginn einer Baumaßnahme ist weiterhin grundsätzlich Voraussetzung, dass ausführliche Entwurfszeichnungen und Kostenberechnungen vorliegen, § 53 Abs. 1 S. 1 BHO. Da jedoch die Planungsphase erst die vorgenannten Informationen liefert, darf die Bauphase auch erst dann beauftragt werden, wenn die Planungsphase zur Zufriedenheit des Auftraggebers abgeschlossen ist. Für die Allianz bedeutet dies, dass eine vertragliche Verpflichtung zur Realisierung der Baumaßnahme erst dann eingegangen werden darf, wenn auch entschieden werden kann, ob sich die Maßnahme auf Basis der Planungsergebnisse innerhalb der Kostenprognose des öffentlichen Auftraggebers als realisierbar darstellt. Dies gelingt dadurch, dass die Beauftragung der Bauphase (Inhalt der Phase 2) in Form eines Optionsrechtes ausgestaltet wird und folglich noch eines Abrufes bedarf. Der eigentliche Beginn der Baumaßnahme erfolgt somit erst zu einem Zeitpunkt, zu welchem die Planungsphase (Inhalt der Phase 1) bereits abgeschlossen und auf deren Basis die entsprechenden Haushaltsmittel für die Bauphase bereitgestellt sind.

4. Vorbereitung Kostenkontrolle

Die Allianz ist gleichzusetzen mit einem „Team auf Zeit", das für die Dauer und den Zweck der Realisierung des Projektes gegründet wird. Wie jedes andere Unternehmen auch, hat die Allianz Ausgaben. Da alle IPA-Partner gemeinsam für die Umsetzung und den Erfolg verantwortlich sind, verwalten sie auch die zur Verfügung stehenden Mittel gemeinsam.

Dazu stellen sie zunächst in Phase 1 das erforderliche Budget auf, welches zur Umsetzung der Aufgabenstellung erforderlich ist. Diese Budgetdefinition wird als Zielkostenermittlung bezeichnet – sie endet mit dem Zielkostenangebot der Planungs- und Ausführungspartner an den Auftraggeber. Teil dieser Kalkulation ist auch der in der Phase 1 für die Umsetzung der Planungsaufgabe und Beratung sowie Bewertung in Bezug auf Kosten, Termine und Risiken aufzubringende Ressourceneinsatz.

Das so ermittelte Budget muss notwendigerweise vom vorhandenen oder zu beschaffenden Budget des Auftraggebers gedeckt sein, sonst ist das Projekt nicht realisierbar.

Hierfür muss der Auftraggeber dem Team sein Budget mitteilen. Dies kann zu verschiedenen Zeitpunkten erfolgen:

- Mitteilung des auftraggeberseitig zur Verfügung stehenden Budgets direkt zum Start der Bearbeitung durch das Allianzteam. Diese Vorgehensweise ermöglicht die ständige Reflektion zwischen bewertetem Planungsstand und Budgetvorgabe, so dass ein entsprechendes Justieren der Planungsinhalte kontinuierlich erfolgen kann. Es besteht jedoch das Risiko, dass sich das Team „nur" bis zu dieser Decke streckt und darüber nicht die optimale Lösung entwickelt, da dem freien Denken Schranken auferlegt sind.

- Mitteilung des auftraggeberseitig zur Verfügung stehenden Budgets erst nach Vorliegen der ersten Planungslösungen und monetären Bewertungen. Das Team sucht zunächst nach der Planungslösung, die die auftraggeberseitigen Ziele bestmöglich erfüllt. Stellt sich dann heraus, dass die kalkulierte Summe das Budget überschreitet, kann gemeinsam an der Optimierung gearbeitet werden. Alle Planungsinhalte werden dann dahingehend hinterfragt, ob sie die Ziele erfüllen oder übererfüllen. Der Auftraggeber kann in dieser Phase aktiv entscheiden, welche Aspekte für ihn oder den Nutzer wichtiger sind als andere, wofür also Budget zur Verfügung stehen soll und wofür nicht. Die so entwickelte Lösung wird der bestmöglichen Umsetzung sehr nahekommen. Der Aufwand für die Untersuchung mehrerer Varianten ist zunächst höher. Dagegen steht die Gewissheit, die Ziele bestmöglich zu erreichen. Der Planungsprozess wird intensiver reflektiert, dies führt zugleich zu einer höheren Qualität der Planung, auch in Bezug auf die spätere Ausführung.

Der Prozess der Kostenermittlung kann aktiv durch die Lean Methode → Target Value Design, S. 157 unterstützt werden. Die Planungsinhalte orientieren sich dabei am vorgegebenen Budget. Durch ein iteratives Vorgehen mit Variation der Lösungswege zu verschiedenen Zeitpunkten im Prozess lässt sich die bestmögliche Lösung für die Aufgabenstellung bei Einhaltung der Budgetvorgabe entwickeln .

Dem Allianzteam hilft bei der Aufgabe der gemeinsamen Budgetverwaltung und Zielerreichung ein Mindset, das als Lean Thinking bezeichnet wird.

Lean Thinking beschreibt eine Grundhaltung zum Umgang im täglichen Arbeiten und Leben mit dem Thema Lean und damit die persönliche Grundhaltung und das eigene Mindset.

Lean ist eher als eine Philosophie und Haltung anzusehen, als ein Werkzeugkasten bzw. eine Methode. Lean ist das Erkennen und Reduzieren von Verschwendung und das Umsetzen von Optimierung. Dabei liegt der Fokus auf der Maximierung des Kundenwertes. Dies gelingt durch eine Verbesserung des Wertstroms bei gleichzeitiger Reduzierung des Aufwandes.

Die Annahme ist vielfach, die Steigerung des Kundenwertes oder Erhöhung des Outputs werde durch Mehrarbeit – also durch Mehrbelastung der Ressourcen – erreicht. Das Gegenteil ist der Fall. In der Lean Philosophie steht das Wohl des Menschen im Mittelpunkt. Durch die Umsetzung von Lean Thinking können alle Beteiligten ihre Arbeit mit einem realistischen Aufwand erfolgreich erledigen und dabei Spaß an der Arbeit haben. → Target Value Design, S. 157, → Lean in der Ausführung, S. 190

Lean Construction wendet die Lean Prinzipien auf die Prozesse und Methoden der Bauprojektumgebung an. Die entsprechende Konzipierung von Produktionssystemen folgt dem Ziel, Material-, Zeit-, und Arbeitsaufwand zu minimieren, um mit den vorhandenen Ressourcen die größtmögliche Wertschöpfung zu erzielen.

Lean Construction Management betrachtet ein Bauprojekt folglich als Prozess. Die Analyse und Optimierung dieses Prozesses und aller Teilprozesse sorgen für einen gleichmäßigen und effektiven Planungsprozess und Baustellenbetrieb. Dabei werden alle Arbeitsschritte so umgesetzt, dass sie genau das erforderliche Teilziel erreichen, nicht mehr und nicht weniger. → Prozesse / PMOs, S. 151, → Lean in der Ausführung, S. 190

5. Vorbereitung der eigenen Organisation

Um mit der Durchführung eines IPA-Projektes starten zu können, müssen zunächst einige Vorbereitungen in der eigenen Organisation getroffen werden. Ziel ist es, die internen Strukturen und Prozesse bereits vor Beginn des Projektes aufgesetzt und die zuständigen Organisationseinheiten und Mitarbeiter bestmöglich auf die neue Abwicklungsform vorbereitet zu haben.

Zunächst muss unterschieden werden in:

- Organisationsbereiche und Mitarbeiter, die unterstützend und damit „nebenamtlich" für das Projekt tätig sein werden (mit geringen zeitlichen Anteilen) und weder disziplinarisch noch fachlich an das Projekt gebunden sind,

- „hauptamtliche" Projektmitarbeiter, die fachlich und ggf. auch disziplinarisch ganz oder zumindest überwiegend dem Projekt zugeordnet sein werden.

Beispiele für die Gruppe der unterstützenden Organisationsbereiche und Mitarbeiter:

- Rechtsabteilung
- Vergabeabteilung
- Human Resources (Personalabteilung)
- Controlling
- Zentraler Einkauf
- Betriebsrat
- Qualitätssicherung, Fachaufsicht
- Projektmanagementoffice

Beispiele für die Gruppe der Projektmitarbeiter:

- Betreiber
- Nutzer
- Realisierungsträger
- Bauabteilung
- Projektabteilung
- Bauüberwachungsabteilung

Zuerst sind die benötigten Organisationseinheiten zu identifizieren und mittels einer kurzen Informationsveranstaltung vorzubereiten. Dies kann zentral und organisationsbereichsübergreifend oder aber in mehreren separaten Terminen erfolgen. Die Informationsveranstaltung dient dem Leitungspersonal und den Mitarbeitern dazu, abschätzen zu können, was durch die neue Projektabwicklungsform an neuen Arbeitsmethoden etabliert oder an bereits bestehenden Arbeitsmethoden angepasst werden muss. Außerdem helfen die erhaltenen Informationen über das Projekt und die neue Arbeitsweise dabei, den eigenen Ressourcenbedarf zu planen. Ein wesentliches weiteres Ziel dieser Informationstermine ist es, eventuellen Vorurteilen oder Ängsten der Belegschaft zu begegnen, Fragen zu beantworten und Bereitschaft und Motivation für die Veränderung zu wecken.

Zur Unterstützung bei der Vorbereitung und Moderation kann ein erfahrener IPA-Coach einbezogen werden; dies ist aufgrund der noch sehr geringen Erfahrungswerte mit IPA in Deutschland zu empfehlen.

Im nächsten Schritt werden die benötigten Mitarbeiter benannt oder ggf. extern beauftragt. Gerade für den Rechts- und Vergabebereich ist es sehr gut möglich, Berater mit IPA-Erfahrung vertraglich zu binden.

Für die Besetzung der Schlüsselpositionen, insbesondere der Rolle des PMT-Mitglieds, haben die Pilotprojekte in Deutschland gezeigt, dass es anzuraten ist, diese Mitarbeiter durch einen Bewerbungsprozess mit internem Assessment-Center auszuwählen und damit dieselben Kriterien anzulegen, die an Mitarbeiter der weiteren IPA-Partner im Bewerbungsprozess gestellt werden. Hierbei geht es darum herauszufinden, ob der Mitarbeiter intrinsisch bereit ist, sich den Anforderungen dieser gänzlich anderen Arbeitsweise und dem damit einhergehenden Veränderungsprozess zu stellen und offen ist für kollaborative Zusammenarbeit. → Kriterium Team- und Innovationsfähigkeit, S. 73.

Nach der Auswahl der Projektmitarbeiter wird ein umfassendes IPA-Schulungsprogramm aufgesetzt. Der Werkzeugkasten hierfür ist von Organisation zu Organisation sehr unterschiedlich. Von mehrstündigen und über einen längeren Zeitraum verteilten Schulungsterminen bis hin zu einer gebündelten mehrtätigen Intensivschulung sind verschiedenste Ausgestaltungen denkbar. Am Ende des Schulungsprogramms sollen die Mitarbeiter offen für den Change-Prozess und den Kulturwechsel sein, die IPA-Elemente und deren Wirkweisen kennen und verstanden haben und abschätzen können, wie sie diese in ihrem Arbeitsalltag anwenden. Sie sollten motiviert und aufgeschlossen für den Projektstart sein. Der beste Erfolg

„IPA bietet die optimale Umgebung für den Einsatz von BIM. IPA erfordert zum Projektauftakt zwar eine gewisse Anstrengung, ermöglicht aber die Durchgängigkeit von Informationen von der ersten Voruntersuchung bis zur Übergabe der Daten an den Betrieb. Zudem verleiht BIM der IPA die notwendige Transparenz zum aktuellen Projektstand, um Entscheidungen gemeinsam zügig und wissensbasiert zu treffen.“

Jakob Przybylo, DT BAU Consulting GmbH, BIM-Coach im IPA-Projekt „Allianz 3 Schulen Bremerhaven“

stellt sich dann ein, wenn die Mitarbeiter bereits ein erstes gemeinsames Teamgefühl entwickelt und sich untereinander kennengelernt haben. Dies ist besonders in großen Organisationen, die sich auf mehrere Standorte aufteilen, eine Herausforderung, weil die Mitarbeiter sich zum Teil erst in den Schulungen das erste Mal begegnen. Kleinere Organisationen tun sich hier oft leichter.

Neben der Frage des Personals und dessen Bereitschaft und Befähigung für die Zusammenarbeitskultur und Arbeitsweise in einem IPA-Projekt sind weitere Fragen zu klären.

- ☐ Welche IT-Struktur kann für die Zusammenarbeit verwendet werden? Ist der Einsatz von sehr offenen Kollaborationsplattformen erlaubt, wo gibt es Einschränkungen?

- ☐ Welche Genehmigungsprozesse sind erforderlich und können diese ggf. durch gute Vorbereitung, Kommunikation, Einbindung der Beteiligten so gestaltet werden, dass sie das Projekt möglichst nicht ausbremsen?

- ☐ Welche Erfahrung und Anforderungen gibt es an die Arbeitsmethode BIM, beispielsweise aus Sicht des Facility Management an das Modell?

- ☐ Gibt es Anforderungen aus dem Betrieb und wie können diese Berücksichtigung finden?

- ☐ Welche externen Kollegen sind bereit, in der IPA mitzuwirken und ihr Knowhow auf der PIT-Ebene in der konkreten Erarbeitung der Planungslösung und der Umsetzung im Bauwerk einzubringen?

- ☐ Welche Stakeholder sind von welcher Relevanz und können durch gute Information und Einbindung zu Projektbeteiligten werden, die am Erfolg ebenso interessiert sind, wie das Team selbst?

- ☐ Welche internen Vorgaben zu Prozessen aus dem Controlling, der Finanzierung, der Mittelverwendung etc sind zwingend einzuhalten?

- ☐ Und nicht zuletzt: Ist die Kultur der eigenen Organisation bereit, sich auf die Kultur in der IPA, insbesondere auf die Zusammenarbeit auf Augenhöhe, einzulassen und sind ausreichend entscheidungsfreudige, veränderungsbereite Mitarbeiter neugierig und gespannt auf die Herausforderungen und Ergebnisse des Kulturwandels?

Sind alle diese Aspekte gründlich durchdacht, bewertet und ggf. mit Maßnahmen, wie zB der Schulung der Mitarbeiter im Verständnis von IPA, in BIM, Lean und Kommunikation sowie Fehlerkultur, belegt, ist die eigene Organisation auf dem besten Weg „IPA-fähig" zu werden.

6. Conditions of Satisfaction (CoS)

Die sog. Conditions of Satisfaction (CoS) können als Zufriedenheitskriterien oder Wertschöpfungsziele des Auftraggebers bezeichnet werden. Sie umfassen messbare und priorisierte Kriterien, die neben Kosten- und Terminzielen weitere Elemente benennen, die zur Erreichung des gewünschten Erfolgs des Projektes relevant sind. Diese Eigenschaften des Bauwerks schaffen aus Sicht des Auftraggebers, Bauherrn, Betreibers und/oder Nutzers den besonderen Wert des „Produkts" (Projektes).

Als Vorgabe für die Entscheidungskultur in IPA-Projekten gilt die Maßgabe „best for project". Doch was ist das im Einzelnen? **Wie kann für jeden Mitarbeiter im Team erkennbar werden, was in der spezifischen Entscheidung als „best for project" gelten soll?** Dies gelingt durch die konkrete Ausgestaltung der Wertschöpfungsziele als CoS und transparente Kommunikation ins Team. Nur wenn allen Projektmitarbeitern jederzeit klar ist, nach welchen Kriterien zu entscheiden ist, gelingt es, das Team an den Auftraggeberzielen auszurichten. Hierfür werden die CoS als wesentliche Leitlinie und Grundlage für eigenständige, zielgerichtete und objektive Entscheidungsprozesse auf allen Ebenen des IPA-Teams genutzt. Sie finden insbesondere Anwendung im Rahmen des → Target Value Design, S. 157 in allen Projektphasen bis zur Abnahme. Der Auftraggeber hat über die CoS die Möglichkeit, alle Entscheidungen auf seine Ziele auszurichten. Es ist daher von großer Wichtigkeit, die CoS vor Projektbeginn unter aktiver Einbindung des Nutzers und Betreibers sorgfältig zu definieren.

Die Definition der CoS erfolgt in drei Schritten. Im ersten Schritt zur Definition der CoS mit den Beteiligten (Auftraggeber, ggf. Betreiber und/Nutzer) wird zur Findung möglicher Kriterien die Frage gestellt:

► **Was muss erfüllt sein, damit das Projekt nach Abschluss als „Erfolg auf ganzer Linie" bewertet wird?**

Als Hilfestellung können verschiedene Anforderungsbereiche an die Hand gegeben werden.

Mögliche Anforderungsbereiche aus denen sich die CoS definieren lassen:

- Betrieb
- Nutzung
- Lebenszykluskosten
- Instandhaltung
- Wartung
- Nachhaltigkeit
- Gestaltung
- Flexibilität
- Robustheit
- Stakeholderzufriedenheit während der Planungs-/Bauphase

Sind die Kriterien gemeinschaftlich festgelegt und beschrieben, sind diese im nächsten Schritt messbar zu machen. Es ist festzulegen, was der Messwert des Kriteriums ist und welchen Zielwert der Messwert tragen soll. Im letzten Schritt wird eine Priorisierung vorgenommen, um festzulegen, welche der Kriterien wichtiger sind als andere. Damit wird der Umgang mit Zielkonflikten geregelt. Um die Priorisierung vorzunehmen, können die einzelnen Kriterien jeweils paarweise solange miteinander verglichen werden, bis eine eindeutige Rangfolge ermittelt ist.

Mit der Anwendung von Target Value Design und darin inkludiert der Entscheidungsfindung nach der Methode Choosing by Advantages unter Verwendung der CoS gelingt es, die Entscheidungsbefugnis auf das Team zu übertragen, ohne diese aus der Hand zu geben. Denn das Team entscheidet immer anhand der bauherrenseitig vorgegebenen, priorisierten und messbaren Ziele. Damit ist der Entscheidungsprozess standardisiert.

Sollte sich in Phase 1 das Erfordernis ergeben, dass einzelne CoS präzisiert oder verändert werden müssen, kann der Auftraggeber dies tun. Wichtig ist, dass nur er Änderungen vornehmen darf, denn es handelt sich hier ganz klar um Vorgaben des Kunden. Zugleich müssen die CoS aber für alle Teammitglieder gut und eindeutig verständlich und die Bewertung der Kriterien für die verschiedenen Lösungsszenarien einer Problemstellung ohne großen Aufwand möglich sein, damit die CoS Wirkung entfalten können. Entscheidungen werden dann, auch in Phase 2, nicht nur anhand der Kosten oder möglichen Einsparungen betrachtet, sondern zugleich auf Basis der qualitativen und technischen Wertveränderung des Teilprodukts. Die Auftraggeberwünsche werden so integraler Bestandteil des Planungs- und Ausführungsprozesses.

7. Einrichten einer Colocation

Für die Durchführung eines IPA-Projektes besteht der Bedarf an gemeinsamen Zusammenarbeitsflächen für das IPA-Team – die sogenannte Colocation. Mit der Colocation wird eine Umgebung für die effiziente, enge und vertrauensvolle Zusammenarbeit des Projektteams aller Partner und über alle Ebenen hinweg geschaffen. Sie ist der Ort, an dem das gesamte IPA-Team zur gemeinsamen Bearbeitung der Aufgabestellungen zusammenkommt.

Die Einrichtung einer Colocation bringt viele positive Effekte für das Projekt und insbesondere für die Kultur der Zusammenarbeit in der IPA mit sich. Durch die gemeinsamen Räumlichkeiten und die enge Zusammenarbeit werden die Unternehmens-Silos aufgebrochen. Gemeinsam vor Ort wächst das Team der verschiedenen Partner schnell zu einem IPA-Team zusammen. Mit der direkten und kurzfristigen Kommunikation findet das Projektteam für Fragen, Probleme und Aufgaben sehr schnell gemeinsame und oftmals innovative Lösungen. Die Kollegen lernen sich über die direkte, persönliche Begegnung intensiv kennen. Dadurch kommt es zu weitaus weniger Missverständnissen. Verschwendung durch Nacharbeit wird reduziert bzw. vermieden und das Vertrauen der Kollegen zueinander und in ihre Fähigkeiten wächst. Darüber hinaus besteht durch die gemeinsame Arbeit in der Colocation ein sehr hohes Maß an Transparenz im Hinblick auf den aktuellen Bearbeitungsstand durch die gemeinsame Aufgabenplanung (zB mit Kanban- oder Last Planner® Boards, Aktionsplänen, Risikoregistern), aber auch durch öffentliches Aushängen von Planungsständen, Teilergebnissen oder offenen Fragestellungen, für die alle im Team Ideen beisteuern können (vgl. auch → Projekt-Dashboards, S. 186).

Die gemeinsame Arbeit in der Colocation ist in der Regel nicht an fünf Tagen der Woche vorgesehen, sondern zumeist an drei Tagen. An diesen Projekttagen fokussieren sich die Mitarbeiter auf die Zusammenarbeit, während die Mutterorganisation in den Hintergrund tritt.

Die Einrichtung der Colocation erfolgt durch den Auftraggeber optimalerweise bereits in der Projektvorbereitung (Phase 0).

Bereits einige Wochen vor Vertragsabschluss und Start der Allianz sollte die Colocation für das auftraggeberseitige Team bereitstehen, so dass die Zusammenarbeit etabliert, die anzuwendenden Lean Tools schon erprobt und eingeübt werden, um so eine gute Basis für das Onboarding der hinzukommenden IPA-Partner zu schaffen und die Allianz-Kultur- und -Haltung vorleben und einfordern zu können.

Die Abschätzung zur Größe der Colocation ist anhand des Personalbedarfs für die Planungsleistungen aller Gewerke sowie die Beratungsleistungen von Seiten der Baupartner in Phase 1 und das Team des Auftraggebers sowie der auftraggeberseitigen Berater vorzunehmen. Es werden nicht alle Mitarbeiter in Vollzeit im Projekt tätig sein, daher kann ein Abschlag vorgenommen werden, um eine realistische Anzahl an Personen mit Tätigkeit vor Ort zu ermitteln.

Ein sehr wesentlicher Punkt bei der Einrichtung der Colocation ist deren Lage. Die Attraktivität und Erreichbarkeit sind Bonuspunkte für die lebendige Nutzung. Tunlichst zu vermeiden sind Hindernisse, die dazu führen, dass die IPA-Partner nicht in die Colocation kommen. Damit die Colocation für alle IPA-Mitarbeiter gut zu erreichen ist, sind die jeweiligen Reisewege der Mitarbeiter nach Möglichkeit zu berücksichtigen.

In öffentlichen Bauprojekten stehen die Partner erst nach den Vergabeverfahren fest, die Colocation muss aber parallel zu den Verfahren schon angemietet und ausgestattet werden. Die Lage der Colocation ist möglichst nah am Projekt/Baufeld/Bauwerk zu wählen und sollte mit öffentlichen Verkehrsmitteln gut erreichbar sein sowie eine Versorgungsstruktur für die Mittagspause bieten. Während der Planungsphase (Phase 1) kann die Colocation auch an anderen Orten als in der Nähe des Baufeldes eingerichtet werden, um für diese Zeit eine gute Erreichbarkeit für alle Partner mit Anbindung zum Bahnhof bzw. Flughafen sicherzustellen. In der Ausführungsphase (Phase 2) ist die Colocation jedoch unbedingt auf dem Baufeld oder in dessen direkter Nähe einzurichten, um dem Lean Grundsatz „am Ort des Geschehens" zu folgen.

Es fällt nicht allen im Team der IPA gleichermaßen leicht, die Arbeit vom eigenen Büro in die Colocation zu verlegen. Neben arbeitsplatzökonomischen Gründen fallen hier auch persönliche Aspekte (familiäre oder soziale Aufgaben, Hobbies, Gewohnheiten, Home Office) ins Gewicht. All jenen Arbeitgebern im Planungsbereich, die sich für ein IPA-Projekt bewerben, muss jedoch klar sein, dass sie aus der Führungsebene diese Veränderung befürworten, einfordern und belohnen müssen. Das Team kann nach diesen Aspekten gewählt, ermuntert und motiviert werden. Dabei müssen persönliche Belange beachtet werden, dürfen aber nicht dazu führen, dass ein Gefühl von Ungleichheit oder mangelnder Fairness entsteht. Dies ist keine kleine Herausforderung, sie einzugehen wird mit entsprechend innovativen Ergebnissen und einer hohen Zufriedenheit eines jeden Einzelnen aus der integralen Zusammenarbeit belohnt.

In der Colocation sind verschiedene Raumtypen erforderlich. Die Gesamtgröße hängt von der Teamgröße ab, nachfolgende Angaben sind beispielhaft zu sehen:

- mehrere Räume mit 8-10 Arbeitsplätzen für die PITs, PMOs und das PMT oder ein Open Space mit entsprechenden Bereichen und guter Raumakustik
- Big Room mit 50-100 m² mit überwiegend geschlossenen Wänden für die Last Planner® Boards und weitere Visualisierungen. Es sollte mind. eine geschlossene Wand mit einer Länger von mehr als 7,50 m vorhanden sein.
- Mehrere Räume mit 1-2 Arbeitsplätzen für konzentriertes Arbeiten
- Telefonzellen
- Mehrere Besprechungsräume verschiedener Größe
- Küche/Essbereich sowie Loungebereich für Gespräche in lockerer Atmosphäre

Auch die Ausstattung (Möbel und Technik) der Räume sollte gut vorbereitet sein, so dass keine Hindernisse für das Arbeiten vor Ort entstehen. Oben genannte Ausstattung ist daher zu berücksichtigen, wobei nicht alle Elemente durch den Auftraggeber zu beschaffen sind, sondern gerade in Bezug auf die Technik auch durch die Allianzpartner beigestellt werden können. Hierbei ist auf eine gute Datenanbindung sowie Video- und Tontechnik zu achten, um Besprechungen hybrid durchführen zu können.

8. Erforderliche Dritte

Bereits im Rahmen der Phase 0 und auch während der Projektdurchführung werden neben den IPA-Partnern weitere Kompetenzträger gebraucht, die bei der öffentlichen Hand je nach Auftragsvolumen über entsprechende Vergabeverfahren gebunden werden müssen. Der Zeitbedarf für diese Verfahren ist im Gesamtablauf zu beachten, damit die Personen zum notwendigen Zeitpunkt die ihnen zugeordneten Aufgaben übernehmen können. Die zumeist erforderlichen Fachkompetenzen sind:

- IPA- und Lean Coach,
- BIM Coach,
- juristische Begleitung,
- Arbeitspsychologe,
- Wirtschaftsprüfer,
- Baupreissachverständiger,
- Versicherungsmakler.

Der IPA- und Lean Coach bringt seine Kompetenz und Erfahrung aus der Begleitung von IPA-Projekten ins Projekt ein und unterstützt das Team in den verschiedenen Phasen beim Change Prozess in die IPA-Kultur. Dazu gehören organisatorische (Projektstruktur, Organigramm) und methodische Hilfsmittel (Lean Construction Management mit Regelkommunikation, Last Planner® System, Target Value Design, uvm) ebenso wie teamdynamische Elemente (Onboarding, Reflektionen, Teambuilding, Kulturbarometer, etc).

Der BIM Coach bringt alle Teammitglieder in ein gleiches Verständnis zur Anwendung und Umsetzung der BIM Arbeitsweise in Planung, Ausführung und Betrieb und befähigt das Team, die gemeinsam gestalteten Prozesse für die Einhaltung vorgegebener oder gemeinsam beschlossener Anwendungsfälle erfolgreich zu praktizieren. Er ermöglicht ferner die Erprobung innovativer Systeme (Scan2BIM, Virtual Reality (VR)-Brille, etc). Der BIM Coach kann darüber hinaus den Nutzer und den Auftraggeber bei der Gestaltung und Entwicklung ihrer BIM-Strategie beraten.

Die juristische Begleitung verantwortet die Konzeption und den verhandlungsfähigen Entwurf des Mehrparteienvertrages (MPV) und bei einem öffentlichen Auftraggeber die Begleitung der Vergabeverfahren zur Auswahl der IPA-Partner. In den Verfahren obliegt ihr neben der Umsetzung und Dokumentation aller Verfahrensschritte auch die Durchführung von Vertragsworkshops mit allen Bietern sowie die Konsolidierung der Rückmeldungen in Abstimmung mit dem Auftraggeber zu einem fortgeschriebenen Vertragstext (→ Vertragsabschluss des Mehrparteienvertrages, S. 95). Sofern nach Unterzeichnung des Vertrags und Start der Allianz noch rechtliche Fragestellungen aufkommen oder einvernehmlich Vertragsänderungen gewünscht sind, werden diese durch die juristische Begleitung in Abstimmung mit allen IPA-Partnern formuliert und zur Unterzeichnung gebracht. Dies kann beispielsweise die Aufnahme weiterer Partner, eine Veränderung der Beteiligungsbeiträge oder auch die Gestaltung besonderer Anreizregelungen, sog. Key Performance Indicators (KPI) betreffen.

Ein Arbeitspsychologe ist erforderlich, um das Vergabekriterium Team- und Innovationsfähigkeit fachlich richtig und entsprechend wertungswirksam zu gestalten und anzuwenden, insbesondere bei Vergaben der öffentlichen Hand. Gemeinsam mit dem Arbeitspsychologen wird definiert, welche Eigenschaften als Kriterien für die Bewertung der Bieter maßgeblich sein sollen und wie diese in einem Assessment mit verschiedenen Aufgabenstellungen oder in Interviews durch entsprechende Fragestellungen beobachtbar gemacht werden können (→ Kriterium Team- und Innovationsfähigkeit, S. 73). Der Arbeitspsychologe verantwortet dabei den Aufbau des Setups, die Definition der Beobachtungsanker, die Schulung des Beobachterteams für eine objektive Wertung und die Dokumentation des Vergabeergebnisses. Der Arbeitspsychologe kann darüber hinaus bei der Vorbereitung des auftraggeberseitigen Teams unterstützen und auch während der Projektlaufzeit in schwierigen Teamsituationen mit seiner Kompetenz zur Konfliktlösung beitragen.

Die Vergütungssystematik auf Basis der Ist-Kostenerstattung macht es erforderlich, dass die durch die IPA-Partner geltend gemachten Kosten hinsichtlich ihrer tatsächlichen Entstehung geprüft werden können.

Da dies einen tiefen Blick in die Buchhaltungen der Partnerunternehmen voraussetzt, diese Daten aber vertraulich bleiben müssen, wird für diese Prüfungsaufgaben ein unabhängiger Wirtschaftsprüfer eingesetzt, der alle gesichteten Informationen vertraulich behandelt und gegenüber dem Auftraggeber und den Partnern der Allianz lediglich mitteilt, ob die geltend gemachten Kosten tatsächlich angefallen und bezahlt sind bzw. welcher Korrektur es bedarf (→ Rolle des Wirtschaftsprüfers, S. 107).

Da diese Vorgehensweise für viele Unternehmen sehr ungewohnt ist und Skepsis und Verunsicherung hervorruft, kann es hilfreich sein, den Wirtschaftsprüfer bereits in der Marktinformation über seinen Auftrag und dessen Umsetzung sowie Erfahrungswerte aus vergangenen Projekten berichten zu lassen und so Ängsten und falschen Erwartungen der Marktteilnehmer proaktiv zu begegnen.

Insbesondere für die auftraggeberseitige Prüfung des Zielkostenangebotes, ggf. aber auch zu anderen Zeitpunkten im Projekt, wenn über Zeitaufwände oder Kostenansätze differierende Meinungen unter den Projektpartnern bestehen, ist die Hinzuziehung eines Kostensachverständigen hilfreich (vgl. auch → Rolle des Baupreissachverständigen, S. 110). Je nach Detaillierung der dem Angebot oder dem Konflikt zugrundeliegenden Kostenermittlung, kann die Bewertung als Plausibilisierung auf Basis von Kennwerten zu Vergleichsobjekten oder durch detaillierte Preisermittlung erfolgen. Der entsprechende Sachverständige ist nach diesen Maßgaben auszuwählen. Sein Bericht in Bezug auf die Angemessenheit der Höhe des Zielkostenangebots bildet den Baustein der auftraggeberseitig erforderlichen Prüfungshandlung hinsichtlich der Angebotshöhe. Bezüglich des Angebotsumfangs, also dahingehend, ob alle angebotenen Leistungen für die Zielerreichung erforderlich sind, ist der Auftraggeber hingegen selbst in der Pflicht, dies zu prüfen.

Wie bereits erläutert, ist eine Veränderung der Fehlerkultur mit Ausrichtung auf Lösungsfindung statt Verantwortungssuche ein Ziel der neuen Form der Zusammenarbeit in der Integrierten Projektallianz. Hierzu ist es erforderlich, die Haftung untereinander möglichst auszuschließen. Um dennoch nicht das Risiko eines großen wirtschaftlichen Schadens infolge eines Planungsfehlers, welcher sich in der Ausführung realisiert hat und aufwändig beseitigt werden muss, unter den IPA-Partnern teilen und tragen zu müssen, sollte eine Projektversicherung abgeschlossen werden, die alle Beteiligten Planer, Ausführenden, die Mitarbeiter des Auftraggebers, die Berater, Fachplaner und Nachunternehmer, Gutachter etc einschließt und etwaige Schäden versichert (→ Abschluss einer Projektversicherung, S. 61).

Der Versicherungsmarkt in Deutschland hat noch kein Produkt für die Versicherung von IPA-Projekten entwickelt. Man behilft sich bisher mit gängigen Allrisk-Versicherungen, welche mit wenigen Ergänzungen auf den Bedarf einer Projektallianz angepasst werden.

9. Abschluss einer Projektversicherung

Üblicherweise versichern sich die einzelnen Vertragspartner in dem aus ihrer Sicht erforderlichen Umfang bei herkömmlichen Projekten in einer Einzelvergabe selbst, wobei hinsichtlich der Haftpflichtversicherung dem Auftragnehmer meist ein Mindesthaftungsrahmen durch den Auftraggeber vorgegeben wird. Die Kosten dieser Versicherungen fließen dabei in die Berechnung des Honorars oder der Vergütung der Auftragnehmer entsprechend ein. Die Höhe der Versicherungsprämien wird dabei meistens nicht bekannt gegeben, es sei denn, es werden Zusatzversicherungen oder Exzedenten für das konkrete Projekt vereinbart.

Im Rahmen eines IPA-Vertrages werden gegenüber einer herkömmlichen Vertragsabwicklung mittels bilateraler Einzelverträge jedoch alle am Bau Beteiligten durch einen Mehrparteienvertrag aneinander gebunden, um als Projektteam die Projektziele gemeinsam zu erreichen. Dies setzt eine enge und strukturierte Zusammenarbeit der Beteiligten voraus. Die vertraglichen Regelungen sind darauf ausgelegt, dass Schuldzuweisungen an ein anderes Unternehmen keinen Vorteil für die eigene Position erbringen, da jeder Fehler oder jede sonstige nicht optimale Leistungserbringung eines jeden Auftragnehmers dazu führt, dass das Gesamtergebnis des Projektes sich verschlechtert und somit von dem Gesamtgewinn nur ein geringerer Anteil an die Auftragnehmer ausgekehrt werden kann. Aus diesem Grund besteht das Bedürfnis, dass mögliche Streitigkeiten über ein Fehlverhalten eines Einzelnen auch dadurch reduziert werden, dass es für versicherbare Schäden eine einheitliche Versicherungslösung durch einen einzigen Versicherer gibt. Eine derartige Projektversicherung ist für Großprojekte nicht unbekannt und wird häufig auch als All-Risk- oder Multi-Risk-Versicherung bezeichnet.

Im Rahmen des Abschlusses einer Projektversicherung geht es primär darum Schäden abzusichern, die durch eine fehlerhafte Planung entstehen und sich in der Bauausführung realisieren. Grundsätzlich besteht hierfür eine Berufshaftpflichtversicherung desjenigen Planers, der die einem Baumangel zugrundeliegende Planung ausgeführt hat. Das Grundkonzept des IPA-Vertrages basiert jedoch darauf, dass alle Auftragnehmer, Planer und Bauunternehmen bereits sehr frühzeitig gemeinsam die Planung der Baumaßnahme als Team vornehmen. Unterstützt wird dies durch die enge räumliche Zusammenarbeit der Partner in der Colocation sowie durch den Einsatz von BIM. Im Zuge dieser eng verzahnten Planung ist die Zuordnung eines Planungsfehlers zu dem Planungs- oder Beratungsbeitrag eines Partners nicht nur schwierig, sondern im Rahmen des IPA-Vertrages auch ausdrücklich nicht gewollt. Die Anreizmechanismen des Vergütungssystems sind so ausgestaltet, dass alle Beteiligten sich im Falle des Auftretens eines Mangels schnellstmöglich im wirtschaftlichen Eigeninteresse um dessen Behebung kümmern und die Auswirkungen dieses Mangels möglichst gering halten. Es soll gerade keine Zeit mit der Suche nach dem für den Mangel Verantwortlichen verbracht werden.

Durch die bisherigen, den tradierten Vertragsverhältnissen entsprechenden Versicherungslösungen der Einzelversicherung durch die jeweiligen Auftragnehmer kommt es bei einer nicht eindeutig möglichen Zuordnung der Verantwortlichkeiten in Folge eines Planungsmangels häufig zu Streitigkeiten zwischen den Parteien und damit auch den Versicherern. Die

Notwendigkeit einer Beweissicherung führt darüber hinaus zu weiteren Verzögerungen. Aber selbst wenn die Parteien sich über den Verursacher des Mangels einig sind, dürfen sie im Rahmen ihrer individuellen Versicherungsverträge einen Mangel nicht anerkennen, da sie ansonsten die Versicherungsdeckung verlieren. Können folglich mehrere Ursachen zu einem Mangel geführt haben, führt dies häufig zu einem Streit der Versicherer, der zu einer Blockade der weiteren Bauausführung führen kann.

Eine Projektversicherung hingegen sieht vor, dass nicht nur allgemeine Berufshaftpflichtrisiken der Planer sondern im Zuge einer sogenannten erweiterten Haftpflicht auch Beratungs- oder Planungsfehler der in der Planungsphase bereits beteiligten Bauauftragnehmer mitversichert sind. Gerade diese erweiterte Deckung führt somit zu einem umfangreichen Haftpflichtversicherungsschutz der Projektversicherung im Falle eines Planungsfehlers. Durch die Gesamtversicherungslösung muss zudem nicht unterschieden werden, wer für den konkreten Fehler verantwortlich ist, was zu einer erheblichen Reduzierung des vorstehend beschriebenen Streitpotentials mit all seinen Folgen führt.

Eine Projektversicherung umfasst jedoch üblicherweise nicht nur die Berufshaftpflicht bzw. erweiterte Haftpflicht der Auftragnehmer, sondern enthält darüber hinaus auch eine Bauleistungs-/ Montageversicherung, eine Betriebs-Haftpflichtversicherung, eine Auftraggeber-Haftpflichtversicherung sowie ggf. eine Umwelt-Haftpflicht- und Umweltschaden-Versicherung. Außerdem sind nicht nur die planungs- und baubeteiligten Unternehmen in die Versicherung eingeschlossen, sondern auch der Auftraggeber sowie gegebenenfalls weitere kri-

„Ich wünsche weiteren öffentlichen Auftraggebern in der deutschen Baubranche den Mut und die Entschlossenheit, sich mit solch' neuen Vertragsmodellen zu beschäftigen und diese umzusetzen. Die überwiegend positiven Aspekte sowie der erzielte Projekterfolg von iPAK5 rechtfertigen den Aufwand, ich würde jederzeit und sehr gerne weitere Projekte in dieser Vertragsform begleiten.“

Dipl.-Ing. Hinrich Schaumann,
Zweigniederlassungsleiter KEMNA BAU Andreae GmbH & Co. KG / Projektleiter im PMT iPAK5

tische Bereiche. Insgesamt ist es daher empfehlenswert eine Projektversicherung zugunsten aller Auftragnehmer als Versicherten abzuschließen, da zum einen eine Gesamtversicherung durch nur einen Versicherer mit entsprechendem Regressverzicht das IPA-Modell unterstützt und zum anderen diejenigen Versicherungsleistungen, die Risiken der Planer und bauausführenden Unternehmen absichern, im Rahmen einer Projektversicherung gegenüber einer Einzeldeckung kostengünstiger beschafft werden können.

III. Auswahl des IPA-Teams

Die richtige Teamauswahl ist einer der Erfolgsfaktoren der Integrierten Projektallianz. Auf was ist dabei zu achten? Wie findet man Teamplayer? Wie kann ein öffentlicher Auftraggeber Teamfähigkeit in einem Vergabeverfahren prüfen?

1. Team- oder Einzelbewerbung

Zunächst stellt sich vor allem für einen öffentlichen Auftraggeber die Frage, ob für die Auswahl der IPA-Partner in Einzelverfahren oder als Teambewerbung erfolgen soll.

Die offensichtlichen Vorteile einer Teambewerbung liegen auf der Hand:

- Der Aufwand für die Partnerauswahl ist reduziert, da nur ein Vergabeverfahren durchgeführt werden muss,
- Das Bieterteam bewirbt sich als Team, hat sich als Team also bereits gefunden, so dass auch hier ein Teil des Aufwands für Kennenlernen und Vertrauensaufbau entfällt.

Bei genauerem Hinsehen treten aber auch die Nachteile zu Tage:

- Der Wettbewerb ist eingeschränkt, da sich jedes Unternehmen nur als Teil einer Bieterteamkonstellation bewerben kann. Gibt es bei einem kritischen Gewerk nur wenige Marktteilnehmer, limitiert deren Anzahl die Anzahl der Bieterteams– im Sinne eines „kritischen gemeinsamen Nenners".

- Das beste Bieterteam besteht nicht unbedingt aus den besten Einzelunternehmen. Es könnte auch ein mittelmäßiges oder gar schlechtes Unternehmen dabei sein.

- Das Bieterteam ist für sich bereits gut eingespielt, es bildet gegenüber dem Auftraggeber-Team aber ggf. eine „Front" – es kann entsprechend länger dauern, bis alle Partner wirklich ein gemeinsames Team bilden.

Dadurch werden die Vorteile der Einzelbewerbungen deutlich:

- Der Aufwand ist größer, da mehr Auswahlverfahren durchgeführt werden müssen. Jedes Verfahren liefert aber den besten Bieter als IPA-Partner, so dass sich ein Team der „Besten" bildet.

- Der Wettbewerb wird zudem optimal aktiviert.

- Alle IPA-Partner und der Auftraggeber bilden vom selben Zeitpunkt an ein Team. Damit fällt der Teambildungsprozess leichter.

Je nach Projektkonstellation kann auch eine Kombination der Team- und Einzelbewerbung gewählt werden. So können die Planungsleistungen als Teambewerbung an ein Konsortium vergeben werden und die Bauleistungen in Einzelverfahren an mehrere Baupartner. Es kann auch vereinbart werden, eine Teambewerbung zuzulassen, deren Einzelunternehmen dann aber zu einzelnen IPA-Partnern zu machen. Es kommt dabei auch auf die Anzahl der Gewerke an. Ziel sollte immer sein, eine gute Diskussionskultur unter Partnern auf Augenhöhe zu schaffen, damit innovative Lösungen in gemeinsamer Verantwortung entwickelt und realisiert werden können → Zuschnitt der Leistungspakete, S. 37.

2. Ablauf des Auswahlverfahrens

Die Verfahren zur Auswahl der Partner unterscheiden sich kaum von der aus klassischen Projekten bekannten Herangehensweise. Der private Auftraggeber ist an sich frei in der Vorgehensweise und muss sich nur an interne Vorgaben für Vergaben halten. Oftmals orientieren sich die Verfahren jedoch an den Regularien für öffentliche Auftraggeber, insbesondere werden ähnliche Eignungs- und Wertungskriterien (→ Exkurs, S. 67) verwendet.

Ein möglicher Weg zur Zusammenstellung des Teams ist es, mit einem Unternehmen, mit welchem in der Vergangenheit eine vertrauensvolle und erfolgreiche Zusammenarbeit etabliert werden konnte, die grundsätzliche Bereitschaft zur Durchführung des Projektes als IPA zu vereinbaren und dann die weiteren Partner gemeinsam auszuwählen.

Vielfach wird die Zusammenarbeit zunächst auf Basis eines Letters of Intent begonnen. Darin wird die Vergütung der Planungs- und Beratungsleistungen geregelt. Die Partner führen sodann zunächst die Validierung (→ Projektvalidierung, S. 165) durch. Parallel wird der Vertragstext verhandelt, so dass mit erfolgreicher Validierung auch der IPA-Vertrag geschlossen werden kann.

Für den Auswahlprozess geeigneter Partner kommt aufgrund der besonderen Relevanz der Veränderungsbereitschaft – als neues Element – das → Kriterium Team- und Innovationsfähigkeit, S. 73 hinzu. Dazu können – in Projekten privater Auftraggeber – auch Workshops mit dem bestehenden Team und den Teams mehrerer Bieter durchgeführt werden.

Den Vertrag unterschreiben alle PMT-Mitglieder und alle SMT-Mitglieder als Vertreter ihrer Unternehmen gleichberechtigt auf der letzten Seite und jeder Partner erhält eine Ausfertigung des Vertragstextes mit allen Anlagen. Damit ist es vollbracht, der Mehrparteienvertrag ist geschlossen, die Allianz kann die Arbeit aufnehmen.

3. Exkurs: Auswahl der IPA-Partner durch öffentliche Auftraggeber

Für die bis dato durchgeführten oder begonnenen Pilotprojekte der öffentlichen Hand in Deutschland wurden die Leistungen für Planung und Bauausführung über Verhandlungsverfahren mit vorgeschaltetem Teilnahmewettbewerb (§ 119 Abs. 5 GWB) vergeben.

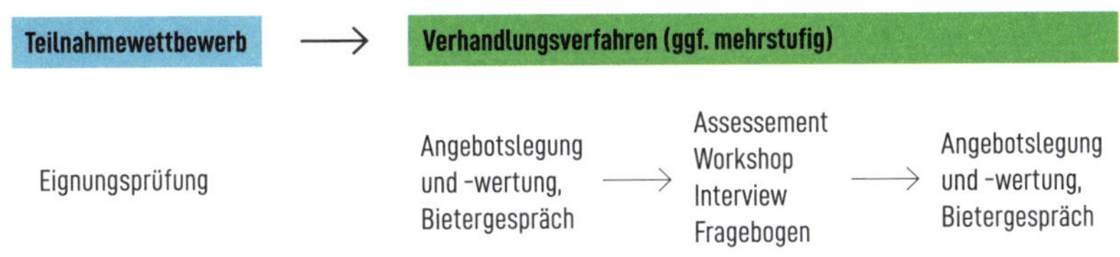

Verhandlungsverfahren mit vorgeschaltetem Teilnahmewettbewerb

Die nachfolgende Grafik zeigt beispielhaft für ein Hochbauprojekt eines öffentlichen Auftraggebers, welche Leistungszuschnitte gewählt wurden und welche Vergabeverfahren – hier fünf an der Zahl – in der Folge durchzuführen waren.

Möglich ist auch, die Vergabeverfahren zeitlich zu staffeln, wenn dies kapazitive oder andere Umstände erfordern. Die ersten drei gewählten Partner würden dann bereits den Vertrag unterzeichnen und die Arbeit aufnehmen, während die Auswahlverfahren der weiteren Partner noch andauern. Diese müssen dann den vorliegenden Vertragstext akzeptieren, wenn sie

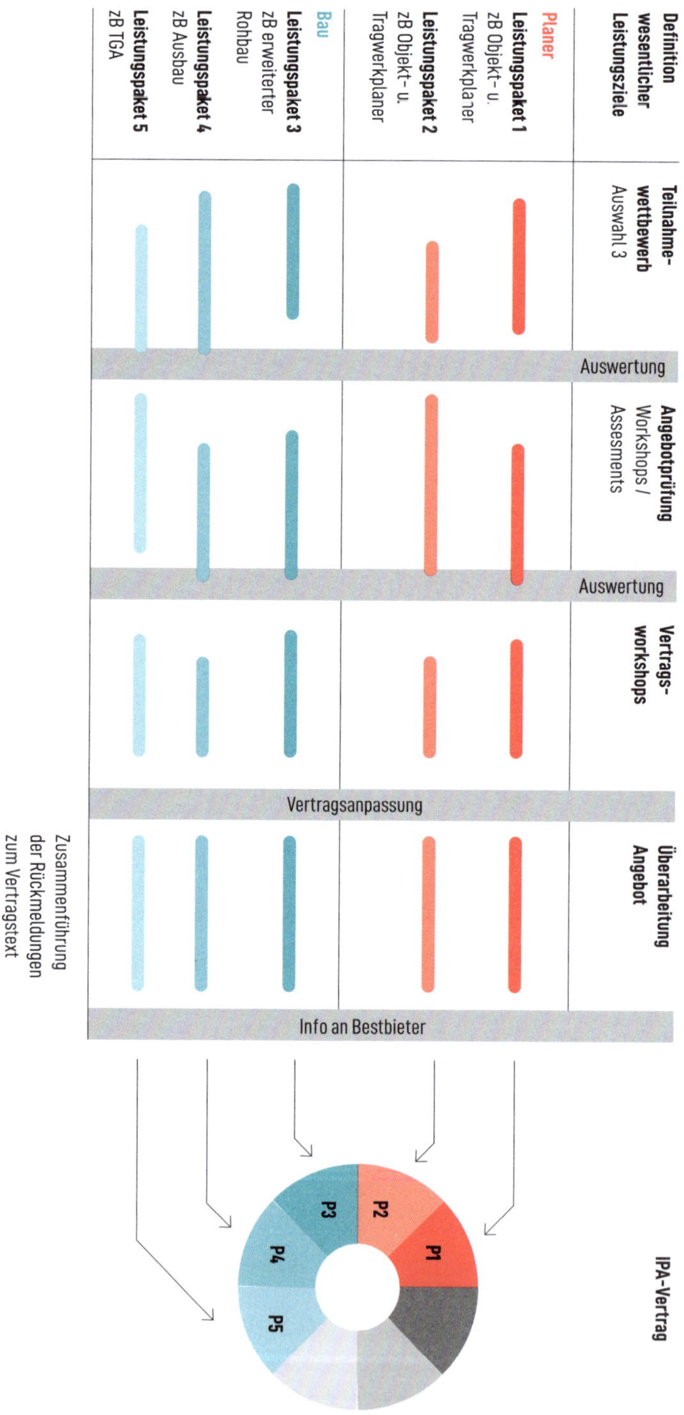

Definition wesentlicher Leistungsziele

Planer
Leistungspaket 1
zB Objekt- u. Tragwerkplaner
Leistungspaket 2
zB Objekt- u. Tragwerkplaner

Bau
Leistungspaket 3
zB erweiterter Rohbau
Leistungspaket 4
zB Ausbau
Leistungspaket 5
zB TGA

Teilnahmewettbewerb
Auswahl 3

Auswertung

Angebotprüfung
Workshops / Assesments

Auswertung

Vertragsworkshops

Vertragsanpassung

Überarbeitung Angebot

Zusammenführung der Rückmeldungen zum Vertragstext

Info an Bestbieter

IPA-Vertrag

P1
P2
P3
P4
P5

Möglicher Leistungszuschnitt und Ablauf zugehöriger Vergabeverfahren

dem Vertrag beitreten. Änderungen sind nur mit Zustimmung aller Partner möglich und sollten daher erst dann diskutiert werden, wenn das Team der IPA-Partner vollständig ist.

Ein öffentlicher Auftraggeber muss die Auswahl der IPA-Partner anhand der von ihm vorab festgelegten Zuschlagskriterien im Rahmen eines formalen Vergabeverfahrens treffen.

Nach § 127 Abs. 1 GWB wird der Zuschlag auf das wirtschaftlichste Angebot erteilt, also das Angebot mit dem besten Preis-Leistungs-Verhältnis. Grundlage der Bewertung sind dabei die vom öffentlichen Auftraggeber vorab festgelegten Zuschlagskriterien. Neben dem Preis können auch Qualitätskriterien in die Wertung einfließen. Die vom Auftraggeber festgelegten Zuschlagskriterien müssen mit dem Auftragsgegenstand in Verbindung stehen (vgl. § 127 Abs. 3 GWB), wobei dem Auftraggeber in der Ausgestaltung ein Ermessensspielraum zusteht.

Bei der Vergabe von Bauleistungen in konventionellen Vertragsmodellen werden diese Gestaltungsmöglichkeiten jedoch selten genutzt und es fließt regelmäßig nur der Preis in die Zuschlagswertung ein. Bei der Vergabe von Planungsleistungen liegt der Fokus in der Wertung hingegen häufiger auch auf Qualitätskriterien. Eine reine Bewertung des Preises würde den Besonderheiten des IPA-Vertrags jedenfalls nicht gerecht werden. Vielmehr müssen auch Qualitätskriterien in die Wertung einfließen.

Ein Preis für eine bestimmte Leistung kann bei Realisierung eines Projekts mittels IPA im Vergabeverfahren denknotwendig nicht abgefragt werden. Die IPA-Partner planen zunächst gemeinsam und konkretisieren die zu erbringende Leistungen. Frühestens auf Basis der abgeschlossenen Planung am Ende der Planungsphase könnte ein Preis für die Bauleistungen ermittelt werden. Als Preisbestandteile[3] könnten im Vergabeverfahren aber die von den Bietern angebotenen Stundensätze, die Grundlage für die Vergütung der Planungsphase sind, gewertet werden. Weiter könnten

3 Boldt Vergütungsgestaltung S. 25 ff.

als Preiselemente für die Bauphase die Deckungsbeiträge für Allgemeine Geschäftskosten sowie Gewinn, die die IPA-Partner zusätzlich zu den Selbstkosten für die Erbringung der Bauleistungen vergütet erhalten, gewertet werden. Es empfiehlt sich, dabei gesonderte Deckungsbeiträge für Eigen- und Fremdleistungen abzufragen.

Als weiteres Kriterium könnte der Beteiligungsbeitrag gewertet werden. Durch diesen wird die wirtschaftliche Obergrenze des Bieters für das jeweilige Mittragen der Überschreitung der Zielkosten definiert. Ein Bieter, der einen höheren Beteiligungsbeitrag anbietet, geht somit bei Überschreiten der Zielkosten ein wirtschaftlich höheres Risiko ein als ein Bieter, der einen geringeren Beteiligungsbeitrag anbietet. Dies rechtfertigt auch eine höhere Bewertung bei der Zuschlagswertung. Allerdings sollte vermieden werden, dass unverhältnismäßig niedrige oder hohe Beteiligungsbeiträge von den Bietern angeboten werden. Würden alle Bieter nur einen sehr niedrigen Beteiligungsbeitrag anbieten, würde dies dazu führen, dass im Beteiligungs-Pool nicht ausreichend Mittel vorhanden wären, um Anreize für ein Gelingen der Allianz zu schaffen. Der Beteiligungs-Pool wäre bei Überschreiten der Zielkosten schnell erschöpft. Umgekehrt könnte ein zu hoher Beteiligungsbeitrag dazu führen, dass ein IPA-Partner sich bei Überschreitung der Zielkosten wirtschaftlich übernimmt, was im schlimmsten Fall zu dessen Insolvenz führen könnte. Daher empfiehlt es sich bei Ausgestaltung der Zuschlagskriterien für alle Bieter eine Mindestgrenze für den Beteiligungsbeitrag festzulegen und diesen auch zu begrenzen, zB auf die Höhe des jeweils angebotenen Deckungsbeitrags (DB).[4]

Als Qualitätskriterien können beispielsweise Konzepte zur Projektumsetzung abgefragt werden. Von den Bietern sollte dabei idealerweise eine Darstellung zur Projektorganisation und Projektplanung unter Berücksichtigung der Besonderheiten einer Projektumsetzung mittels IPA abgefragt werden. Abgefragt werden können auch Fachkonzepte zu besonderen projektspezifischen technischen Fragestellungen.

Schließlich sollte auch die Team- und Innovationsfähigkeit des für das Projekt vorgesehenen Schlüsselpersonals in die Zuschlagswertung ein-

4 Sundermeier et al. Herausforderungen und Potenziale der Integrierten Projektabwicklung S. 81 ff. (Berechnungsbeispiel).

fließen. Diese Eigenschaften sind für eine erfolgreiche Projektumsetzung mittels IPA unerlässlich (zur Auswahl der IPA-Partner mittels Assessment-Center → Kriterium Team- und Innovationsfähigkeit, S. 73).

Es gibt keine feste Faustformel, wie die vorstehenden Kriterien untereinander gewichtet werden sollten, da dies auch von den jeweiligen Projektbesonderheiten abhängt.

Zu beachten ist jedoch, dass die Wertung des Kriteriums Preis nicht vollständig in den Hintergrund treten darf. Aufgrund des Wirtschaftlichkeitsgebots muss sichergestellt werden, dass der Preis ein wichtiges, die Vergabeentscheidung substanziell beeinflussendes Kriterium ist (§ 97 Abs. 5 GWB). Beim Zuschlagskriterium des wirtschaftlichsten Angebots ist dem öffentlichen Auftraggeber jedoch hinsichtlich der Bewertung aufgrund seines diesbezüglichen Bestimmungsrechts ein von den Nachprüfungsbehörden nur begrenzt kontrollierbarer Festlegungsspielraum zuzuerkennen.[5]

Ob es eine „Mindestwertigkeit" für das Kriterium des Preises gibt, ist in der Rechtsprechung umstritten. So wird vertreten, dass das Kriterium Preis mit mindestens 30% zu berücksichtigen ist.[6] Nach anderer Ansicht soll es keinen allgemeinen Vergabegrundsatz geben, wonach der Preis mit wenigstens 30% in die Angebotswertung einzufließen habe. Jede Festsetzung von Mindestquoten, mit denen der Angebotspreis (zwingend) bei dieser Wertung zu berücksichtigen sei, liefe auf eine zu missbilligende Einführung eines teilweise willkürlichen Bewertungsmaßstabs hinaus.[7] Jedenfalls dann wenn das Beschaffungsvorhaben unstreitig eine hochkomplexe Leistungserbringung erfordere, soll eine überdurchschnittliche Gewichtung der Qualität mit 70% sachgerecht und nicht zu beanstanden sein.[8] Jedenfalls eine Gewichtung des Preises mit lediglich 5% lasse die finanzielle Komponente jedoch völlig in den Hintergrund treten und wird in der Rechtsprechung daher kritisch gesehen.[9] Es ist daher zu empfehlen, die Preiskriterien auch bei IPA-Verträgen insgesamt mit mindestens 30% in der Wertung anzusetzen.

5 OLG Düsseldorf 9.1.2013 – Verg 33/12.
6 OLG Dresden 5.1.2001 – Verg 11/00, Verg 12/00, NZBau 2001, 459; VK Sachsen 7.5.2007 – SVK/027-07, ZfBR 2007, 623 (Ls.).
7 OLG Düsseldorf 25.5.2005 – Verg 08/05, 29.12.2001 – Verg 22/01, NZBau 2002, 578.
8 VK Bund 4.3.2004 – VK 2 134/03.
9 2. VK Bund 10.6.2005 – VK 2 36/05.

Die Gewichtung der weiteren Qualitätskriterien hängt dann jeweils vom Projektzuschnitt und den Projektbedürfnissen ab. Dabei ist es möglich und auch sinnvoll, mehrere Verhandlungsrunden durchzuführen, in denen die Kriterien jeweils unterschiedlich gewichtet werden. In der ersten Verhandlungsrunde kann der Fokus auf der Konzeptwertung und der Preiswertung liegen und der Bieterkreis auf dieser Grundlage für die nächste Verhandlungsrunde verringert werden. In der zweiten Verhandlungsrunde könnte dann das Assessment-Center durchgeführt werden und mit einem spürbaren Gewicht in die Wertung des finalen Angebots einfließen. Die Gewichtung der sonstigen Qualitätskriterien wäre dann entsprechend zu reduzieren. Ebenso ist es aber auch möglich, zunächst nach Teamfähigkeit und Konzeptwertung zu bewerten und dann erst im zweiten Schritt das preisliche Kriterium als Basis der Auswahlentscheidung zu berücksichtigen.

Üblicherweise werden mit den einzelnen potentiellen Auftragnehmern ein oder mehrere Vertragsworkshops durchgeführt. In diesen werden wesentliche Wirkweisen der Allianz vorgestellt und rechtliche Fragen der Bieter erörtert. Der Auftraggeber kann hieraus einen Eindruck gewinnen, ob und wie intensiv sich die Bieter schon mit dem neuen Vertragsmodell auseinandergesetzt haben, wie tief das Verständnis ist und auch wie groß Skepsis oder Begeisterung für die Vorgehensweise sind. Die Bieter haben die Möglichkeit, für sie heikle Regelungen anzusprechen und die Notwendigkeit der Abänderung anzuregen, wenn interne Vorschriften zB zur Risikoübernahme eine Angebotsabgabe unmöglich machen. Außerdem ist es ihnen möglich, in diesem geschützten Rahmen ihre Fragen zu stellen und so ein vertieftes Verständnis zu erlangen. Ein privater Auftraggeber wird daher mit den einzelnen Bietern oder in einer größeren Runde echte Vertragsverhandlungen führen. Ein öffentlicher Auftraggeber kann dies aufgrund der Verpflichtung zur Sicherstellung eines geheimen Wettbewerbs hingegen nicht tun. Er führt mit jedem einzelnen Bieter jedes einzelnen Vergabepaketes einen Vertragsworkshop durch und sammelt die hieraus stammenden Erkenntnisse. Diese kann der öffentliche Auftraggeber dann in die Aktualisierung der Angebotsabfrage einfließen lassen, so dass alle Bieter bei der Angebotsüberarbeitung und Abgabe des finalen Angebotes einheitliche Vertragsbedingungen berücksichtigen.

In jedem Fall ist es erforderlich, dass der Vertragsentwurf möglichst wenige Fragen offenlässt, so dass nur wenig Diskussions- und ggf. Anpassungsbedarf entsteht. Anders ist es nahezu nicht machbar, mehrere Vergabeverfahren zeitlich parallel durchzuführen und zu einem einheitlichen Zeitpunkt abzuschließen.

Wenn der überarbeitete Vertragstext vorliegt, werden alle Bieter in allen Verfahren aufgefordert, ihr überarbeitetes Angebot abzugeben. Mit der Angebotsauswertung stehen dann die Bestbieter für jedes Verfahren fest.

Nach Versand der Absageschreiben an die unterlegenen Bieter und Ablauf der Einspruchsfrist erfolgen die Zuschlagsschreiben mit den vorläufigen Auftragssummen je Leistungspaket an die Bestbieter. Sie werden außerdem zur feierlichen Vertragsunterzeichnung eingeladen. Mit dem Schreiben kann außerdem bereits die Einladung zu Kick-Off-Veranstaltungen erfolgen (→ Kick-Off-Phase, S. 140).

Für den Vertrag ist als letzte Anlage die Zusammenstellung der Zuschlagsätze und Stundensätze der Bestbieter und damit künftigen IPA-Partner zu erstellen und beizulegen. Sind Nachunternehmer zur Eignungsleihe benannt worden, so sind auch deren Stundensätze in der Anlage anzugeben.

4. Kriterium Team- und Innovationsfähigkeit

Eine konstruktive Zusammenarbeit und eine gute Teamkultur sind in IPA-Projekten entscheidend für den Projekterfolg. Daher ist es notwendig, nicht nur fachlich kompetente Partner für das Projekt zu finden, sondern vor allem kooperative Partner, die gut zusammenarbeiten und dazu bereit sind, die gemeinsamen Ziele im Sinne des Projekts zu verfolgen. Insbesondere in Bezug auf die gemeinsame und integrale Bearbeitung der Planungs- und Bauaufgabe ist es erforderlich, sich gegenseitig offen zu begegnen und die Bereitschaft für andere, innovative Lösungsmöglichkeiten aller Projektbeteiligten mitzubringen. Dabei spielen die Fähigkeit des Perspektivwechsels und auch die Akzeptanz neuer Ansätze im Sinne „best for project" eine wichtige Rolle.

Im Auswahlverfahren sollte daher ein besonderer Fokus auf das Kriterium der Team- und Innovationsfähigkeit gelegt werden. Diese Oberbegriffe bündeln insbesondere die folgenden Eigenschaften der einzelnen Personen bzw. der Teams[10]:

- Kommunikationsfähigkeit
- Problem- und Konfliktlösungskompetenz
- Bereitschaft für Veränderung und Innovation
- Fehlerkultur
- Führungskompetenz
- Teamdynamik

Verschiedene Methoden und Elemente können diese Eigenschaften im Verhandlungsverfahren beobachtbar und bewertbar machen. Dafür ist es zunächst notwendig, die Eigenschaften genau zu definieren und voneinander abzugrenzen. Beim ersten Blick auf die Eigenschaften fällt auf, dass diese im Grundsatz für jede Person in jedem Projekt erstrebenswert sind. Allerdings sind die Anforderungen im Kontext von IPA-Projekten besonders. Beispielsweise bedeutet Führungskompetenz bei IPA, dass nicht nur die Führungskraft selbst die Steuerung übernimmt, sondern das gesamte Team gemeinsam.[11]

Das spätere Projektteam besteht aus einer Vielzahl von Personen, die zum Zeitpunkt des Bewerbungsverfahrens weder alle bekannt sind noch alle hinsichtlich ihrer Teamfähigkeit bewertet werden können. Folgende Aspekte sind bei der Gestaltung des Verfahrens zu beachten:

- Besonders wichtig ist es, dass die für das PMT vorgesehenen Personen teamfähig sind. Dies sollte also in jedem Fall bewertet werden.
- Es können darüber hinaus weitere Teammitglieder (SMT, PIT, PMO) bewertet werden.
- Die Kriterien können für verschiedene Gremienmitglieder anders konkretisiert und ausgestaltet und auch anders gewichtet werden.

10 Rodde/Kersten Teamfähigkeit als Wertungskriterium 95 (97).
11 Luft/Kluttig NZBau 2023, 575 (576).

Zur Beobachtung und Bewertung der Teamfähigkeit kommen verschiedene Methoden in Frage, die sich an der klassischen Personalauswahl in Unternehmen orientieren. Die Bewertung erfolgt nach einem vorher festgelegten Punktesystem.

Bei der Konzeption ist zu beachten, dass das Auswahlverfahren bereits die partnerschaftliche Projektkultur widerspiegelt und damit die Grundlage für die gemeinsame Projektarbeit schafft. Dabei kann es helfen, die Duz-Kultur auch schon in der Auswahlphase einzuführen. Außerdem sollten, neben Psychologen, auch die Projektmitarbeiter auf Auftraggeberseite im Auswahlverfahren integriert werden. Diese durchlaufen im Vorfeld eine entsprechende Schulung („Beobachterschulung").

Je nach Anforderungen des Projektes, aber auch des zeitlichen Rahmens für das Auswahlverfahren kann eine Kombination der im folgenden beschriebenen Elemente für das Auswahlverfahren eingesetzt werden.

Assessment-Center

Das Assessment-Center ist ein multiples diagnostisches Verfahren, welches sich dadurch kennzeichnet, dass verschiedene Einzelverfahren, wie beispielsweise Gruppendiskussionen, Präsentationen, Rollenspiele und Fallstudien miteinander kombiniert werden. Dadurch lassen sich Beobachtungsfehler ausgleichen und die Aussagekraft des Bewertungsergebnisses optimieren.[12] Zudem können verschiedene Aufgaben gestellt werden. Ein spielerischer Zugang zum Assessment-Center kann mithilfe eines haptischen Set-ups ermöglicht werden.

Eine fiktive, aber realitätsnahe Konfliktsituation im konkreten Projektszenario kann den Arbeitsalltag des IPA-Projekts widerspiegeln. Diesen vorgegebenen Konflikt gilt es, als Team gemeinsam im Sinne des Projekts und aller Beteiligten zu lösen. Dabei nehmen die Teilnehmer bereits ihre Rolle im späteren IPA-Projekt ein. Zusätzlich können in einer Gruppendiskussion die Prinzipien sowie Vor- und Nachteile der partnerschaftlichen

12 Kleinmann Assessment-Center S. 2 ff.

Projektabwicklung diskutiert werden. In den unterschiedlichen Übungen des Assessment-Centers erhalten die Teilnehmer die Möglichkeit, sich von verschiedenen Seiten zu präsentieren und zu beweisen, dass sie bereit sind, ihre bekannten Pfade zu verlassen und neue Ideen zu entwickeln.

Fragebogen

Fragebögen werden schriftlich, meist online, ausgefüllt. Damit ist keine Interaktion möglich und das Verhalten kann nicht direkt beobachtet werden. Sie sollten daher allenfalls ergänzend zu Interviews und Assessment-Center eingesetzt werden. Vorteilhaft ist allerdings der geringe Durchführungsaufwand.

Fragebögen können verschiedene Inhalte thematisieren. Zum einen kann das IPA-Verständnis in einer Art Test abgefragt werden. Zum anderen können die festgelegten Teilnehmer ihre Motivation an der neuen Projektkultur und der damit einhergehenden persönlichen Entwicklung und der ihres Unternehmens schriftlich darlegen. Auch eine Selbsteinschätzung bezüglich des eigenen Verhaltens in der neuen Projektkultur kann erfragt werden.[13]

Interview

Themen, die in Fragebögen schriftlich abgefragt werden, können grundsätzlich auch in Interviews mit den Teilnehmern bearbeitet werden. Im Gegensatz zu den Fragebögen sind hier Psychologen zur Befragung und Bewertung sowie weitere Beobachter notwendig. Anhand von Interviews am Ende des Auswahlverfahrens kann das Beobachtete in den Assessment-Centern und die Antworten aus den Fragebögen validiert werden. Besonders aufschlussreich ist auch die Selbsteinschätzung der Teilnehmer in Bezug auf die im Assessment-Center erlebten Situationen.

13 Rodde/Kersten Teamfähigkeit als Wertungskriterium 95 (99).

Assessment	Interview	Fragebogen
Identische **Aufgabenstellungen** für die Bieter-Teams **Bewertung von:** • Umgang mit Konflikten • Erarbeitung und Vertretung von Lösungsansätzen • Innovationsbereitschaft • Identifikation und Nutzung von Fähigkeiten von Teammitgliedern • Kompetenzen zum kooperativen Projektabwicklungsmodell	Durchführung von identischen **Gesprächen mit der Führungsebene** der Bieter-Teams **Bewertung von:** • Beschreibung von Erfahrungen und Erlebnissen • Abfrage von Verhalten zu bestimmten Situationen • Selbsteinschätzung • Interesse und Motivation für partnerschaftliche Projekte • Verständnis für kooperative Projektkultur	Identische **Online-Fragebögen** für die Bieter-Teams **Bewertung von:** • Selbsteinschätzung • Interesse und Motivation für partnerschaftliche Projekte • Verständnis für kooperative Projektkultur

Beobachtung und Bewertung der Teamfähigkeit im Vergabeverfahren

Exkurs: Vergaberechtliche Anforderungen an Partnerauswahl mittels Assessment-Center

Öffentliche Auftraggeber müssen bei der Partnerauswahl mittels Assessment-Center beachten, dass bei der Ausgestaltung des Verfahrens das Vergaberecht eingehalten wird. Die Berücksichtigung „weicher" Kriterien wie beispielsweise die Team- und Innovationsfähigkeit zur Auswahl der Vertragspartner spielt in der Vergabepraxis bisher keine bzw. nur eine untergeordnete Rolle. Solche Vergabekriterien sind jedoch grundsätzlich zulässig. Deren Wertung kann auch rechtssicher ausgestaltet werden. Zu beachten ist, dass IPA-spezifische Fähigkeiten wie die Team- oder Innovationsfähigkeit nicht schon als Eignungskriterien abgefragt werden können, sondern erst als Zuschlagskriterium in die Wertung einfließen.[14]

14 Luft/Kluttig NZBau 2023, 575.

Nach § 122 Abs. 1 GWB umfasst die Eignung die Fachkunde und Leistungsfähigkeit des Unternehmens. Nach § 122 Abs. 2 GWB dürfen die Eignungskriterien ausschließlich die Befähigung und Erlaubnis zur Berufsausübung, die wirtschaftliche und finanzielle Leistungsfähigkeit sowie die technische und berufliche Leistungsfähigkeit umfassen. Eigenschaften wie Teamfähigkeit und Kooperationsfähigkeit des im Projekt einzusetzenden Personals können hierunter nicht gefasst werden. Zwar können zB Nachweise hinsichtlich der beruflichen Qualifikation des Inhabers bzw. der Inhaberin oder der Führungskräfte des Unternehmens verlangt werden (vgl. § 46 Abs. 3 Nr. 6 VgV bzw. § 6a Nr. 3e) VOB/A-EU). Persönliche Eigenschaften von Personen werden bei der Eignung jedoch nicht überprüft.

Die Prüfung des Vorhandenseins besonderer IPA-spezifischer Fähigkeiten mittels Assessment-Center stellt jedoch ein zulässiges Zuschlagskriterium dar. Nach § 127 Abs. 1 GWB wird der Zuschlag wie vorstehend dargelegt auf das wirtschaftlichste Angebot erteilt, also das Angebot mit dem besten Preis-Leistungs-Verhältnis. In die Wertung können neben dem Preis auch Qualitätskriterien in die Wertung einfließen. Es ist in der Rechtsprechung anerkannt, dass personenbezogene Eigenschaften wie beispielsweise die Kompetenz und das Auftreten des Projektleitungspersonals als Zuschlagskriterium berücksichtigt werden dürfen, sofern diese Eigenschaften für eine erfolgreiche Leistungserbringung von Bedeutung sind.[15] Weil mit der Team- und Innovationsfähigkeit der im Projekt eingesetzten Mitarbeitern der Projekterfolg „steht und fällt“, ist ein ausreichender Bezug zum Auftragsgegenstand ohne weiteres zu bejahen, handelt es sich hier also um ein zulässiges Zuschlagskriterium.

Da diese IPA-spezifischen Fähigkeiten unerlässlich für den Projekterfolg sind, sollte das Kriterium „Assessment-Center“ bei der Wertung der finalen Angebote[16] ein ausreichendes Gewicht eingeräumt werden. Idealerweise sollte das AC daher insgesamt mit 20 – 30 % in die Wertung einfließen.[17]

15 VK Bund 21.11.2013 – VK 2-102/13, ZfBR 2014, 302.

16 Die Ausschreibung erfolgt üblicherweise im Verhandlungsverfahren mit Teilnahmewettbewerb. Da die Durchführung eines AC und dessen Wertung sehr aufwändig ist, bietet es sich an, das AC erst in der letzten Verhandlungsrunde nach ggf. vorheriger Reduzierung der Bieterzahl in den vorangegangenen Verhandlungsrunden durchzuführen. Die Wertung des AC fließt dann erst in die Wertung des finalen Angebots ein. Es ist zulässig, in den verschiedenen Verhandlungsrunden unterschiedliche Schwerpunkte in der Gewichtung der Kriterien vorzusehen.

17 Luft/Kluttig NZBau 2023, 575 (577); Boldt NZBau 2019, 547 (550).

Gemäß § 127 Abs. 5 GWB sind die Zuschlagskriterien und deren Gewichtung in der Auftragsbekanntmachung oder den Vergabeunterlagen anzugeben. Die Bekanntmachungspflicht umfasst auch etwaige Unterkriterien und deren Gewichtung.[18] Die im Assessment-Center abgefragten Fähigkeiten sind daher vorab festzulegen und als Unterkriterien mit deren Gewichtung bekannt zu geben. Sollen bestimmte Schlüsselfunktionen ein höheres Gewicht bei der Wertung des AC haben, weil sie für den Projekterfolg von zentraler Bedeutung sind, ist dies ebenfalls vorab festzulegen und bekannt zu geben.

Weiter ist eine transparente und objektive Wertung, ob bzw. wie tief die IPA-spezifischen Fähigkeiten bei dem für das Projekt vorgesehenen Personal ausgeprägt sind, zu gewährleisten. Dies kann durch eine wissenschaftlich fundierte und belastbare Ausgestaltung des Assessment-Center sichergestellt werden. Das Assessment-Center sollte daher idealerweise unter professioneller arbeitspsychologischer Anleitung ausgestaltet und durchgeführt werden.

Sofern in der Organisation des Auftraggebers insoweit keine eigene Kompetenz vorhanden ist, kann dieser sich auch externer fachlicher Unterstützung bedienen.[19] Es ist dann sicherzustellen, dass die eigentliche Zuschlagsentscheidung vom öffentlichen Auftraggeber getroffen wird, da die Auswahlentscheidung ureigene Aufgabe des Auftraggebers und somit nicht delegierbar ist.[20] Dies bedeutet nicht zwingend, dass Mitarbeitende des öffentlichen Auftraggeber am Assessment-Center als Beobachter mitwirken müssen, auch wenn dies grundsätzlich sinnvoll ist. Zumindest muss aber dokumentiert werden, dass der Auftraggeber die objektiv und wissenschaftlich fundiert ermittelten Ergebnisse des Assessment-Center zur Grundlage seiner Vergabeentscheidung und sich damit also zu eigen macht.

Die Wertung des Assessment-Center ist ordnungsgemäß zu dokumentieren (vgl. § 8 Abs. 1 VgV). Bei der Durchführung eines Assessment-Center bestehen erhöhte Dokumentationsanforderungen. Je höher der dem Auf-

18 EuGH 24.1.2008 – C-532/06, NZBau 2008, 262; OLG Frankfurt a.M. 28.5.2013 – Verg 6/13, BauR 2013, 2070; OLG München 19.3.2009 – Verg 2/09, NZBau 2009, 341.

19 VK Bund, 13.4.2022 – VK 1-31/22.

20 ständige Rechtsprechung, siehe zB OLG München 15.7.2005 – Verg 14/05, NZBau 2006, 472 (Ls.), BeckRS 2005, 8298; VK Bund 13.4.2022 – VK 1-31/22.

traggeber bei der Bewertung eingeräumte Beurteilungsspielraum ist, desto höher sind die Anforderungen an den Detaillierungsgrad der Dokumentation. Erfolgt die Bewertung der Qualitätskriterien im Wesentlichen auf Basis einer mündlichen Präsentation, steigen die Anforderungen an den Detaillierungsgrad nochmals.[21] Durch eine fachlich fundierte Begleitung wird regelmäßig aber auch eine transparente und ausreichend detaillierte Dokumentation des Verfahrens sichergestellt.

Im Rahmen der Vorbereitung und Durchführung der Assessment-Center werden zur Sicherstellung einer objektiven Bewertung drei Maßnahmen getroffen:

- Schulungen für die vorgesehenen Beobachter
- Definition sog. Beobachtungsanker als Leitlinie für die Einordnung der Beobachtungen durch die Beobachter,
- Beobachterkonferenzen direkt im Anschluss und als Abschluss des Assessments.

Die Schulungen der Beobachter werden durch die für die Durchführung des Verfahrens beauftragten Experten (meist Arbeitspsychologen) vorgenommen. Neben der Erläuterung des Ablaufs des Assessment-Centers und der verschiedenen Rollen wird darin auf die Bedeutung und das Umsetzen der objektiven Beobachtung, sowie der Durchführung der Dokumentation eingegangen. Darüber hinaus erfolgt die Erläuterung zur Bearbeitung der Dokumentationsunterlagen für die Beobachter.

Es werden den Beobachtern konkrete Anhaltspunkte (Beobachtungsanker) zur Beobachtung der Situationen an die Hand gegeben, so dass sich die Beobachter während der Beobachtung und zur Bewertung an diesen orientieren können und eine objektive Bewertung sichergestellt wird.

Direkt im Anschluss an ein Assessment-Center wird eine Beobachterkonferenzen zum Abgleich der Einzelbeobachtungen und zur Konsolidierung der Bewertung vorgenommen. In dieser erfolgt ein Austausch zu den ge-

21 VK Bund 13.4.2022 – VK 1-31/22; VK Bund, 22.11.2019 – VK 1-83/19; nicht näher rechtlich betrachtet wird hier die grundsätzliche Zulässigkeit der Wertung mündlicher Angebotsbestandteile unter Berücksichtigung der Entscheidung der VK Südbayern 2.4.2019 – Z3-3-3194-1-43-11, NZBau 2019, 544, die dies anders als zB die VK Bund verneint.

machten Beobachtungen, den vorgenommenen Beurteilungen und Bewertungen gemeinsam mit allen Beobachtern, so dass im Ergebnis eine gemeinsame Bewertung vorliegt. Geleitet wird die Konferenz durch die Experten. Die Durchführung der Konferenz muss im direkten Anschluss an die Assessments erfolgen, da so die gemachten Beobachtungen noch gut in Erinnerungen sind. Oft folgt ein weiteres Assessment mit einem anderen Bieter aufgrund der zeitlich eng getakteten Vergabeverfahren bereits am folgenden Tag, so dass sich dann schon Beobachtungen überlagern würden. Dies muss ausgeschlossen werden.

IV. Nachunternehmer

Zwar ist es wünschenswert, dass die IPA-Partner einen möglichst großen Anteil ihrer Leistungen in Eigenleistung erbringen, so dass der Wunsch nach einem nur in engen Grenzen möglichen Ausschluss eines Nachunternehmereinsatzes auch im Auswahlprozess eine Rolle spielen kann. In den meisten Fällen wird es jedoch erforderlich sein, spezielle Leistungen oder untergeordnete Leistungen, zB spezielle Fachplanungsleistungen wie die Küchenplanung oder bauphysikalische Untersuchungen bei den Planern, bis hin zu umfangreichen Leistungen im Ausbau bei den Baupartnern an Nachunternehmer zu vergeben.

Da die Projektallianz selbst keine Verträge abschließen kann, werden die Nachunternehmer vertraglich jeweils durch einen der Partner gebunden und betreut.

Wie die Einbindung gut gelingen kann und wie im Falle einer Eignungsleihe im Vergabeverfahren vorzugehen ist, wird nachfolgend erläutert.

1. Auswahl und Einbindung der Nachunternehmer

Die Auftragnehmer legen fest, welche Planungs- und Bauleistungen sie selbst erbringen und welche Leistungen durch geeignete Nachunternehmer erbracht werden sollen. Die Nachunternehmer werden jeweils durch den Partner vertraglich gebunden, der den Nachunternehmer in seinem Leistungsbereich einsetzen möchte und die betreffenden Leistungen daher am besten definieren, begleiten und überwachen kann. Die Einbindung von Nachunternehmern bedarf in der Regel der Zustimmung der IPA-Partner. Eine Ausnahme bildet insoweit im Rahmen eines öffentlichen Vergabeverfahrens die Benennung von Nachunternehmern zum Zwecke der Eignungsleihe bereits vor Zuschlag. Die Anbindung kann für Planer über einen aufwandsbasierten Planungsvertrag erfolgen, um die Einbindung in die IPA-Planungsprozesse möglichst reibungslos organisieren zu können. Für Bauleistungen werden zumeist VOB/B-Verträge verwendet. Die internen Prozesse der IPA-Partner sehen dabei häufig die Verwendung von entsprechenden Vorlagen für die Beauftragung, Verhandlungsprotokolle, zusätzliche Vertragsbedingungen etc vor. Um zu vermeiden, dass in den Nachunternehmerverhältnissen die Kultur klassischer Projektkonstellationen mit der IPA-Kultur kollidiert, wird für die Einbindung der Nachunternehmer in die IPA eine Rahmenvereinbarung entwickelt, so dass die Arbeitsweise im IPA-Team in Bezug auf Kultur, Organisation, Lean und BIM auch auf die Zusammenarbeit mit den Nachunternehmern übertragen wird. Damit dies gut gelingt, sollten eine entsprechende Unternehmenskultur, Vorerfahrungen und die Bereitschaft zur partnerschaftlichen Zusammenarbeit auch im Auswahlprozess des Nachunternehmers berücksichtigt werden (→ Einbindung Nachunternehmer, S. 163).

Folgende Elemente sind Bestandteil der Nachunternehmer-Rahmenvereinbarung:

- In der Rahmenvereinbarung wird die gemeinsam entwickelte Projektcharta mit den Werten der Zusammenarbeit angesprochen und der Nachunternehmer eingeladen, diese zum Zeichen seines Einverständnisses auch zu unterzeichnen.

- Es werden Regelungen zur Nutzung der Colocation vereinbart und entsprechende Vorgaben zum Austausch von Informationen (Bereitstellung von Planunterlagen, Abgabe von Revisionsunterlagen, Bautagesberichten etc) definiert.

- Der Nachunternehmer verpflichtet sich außerdem zur Teilnahme an den Lean Methoden wie dem Last Planner® System oder der Nutzung eines Tools zum Mängelmanagement.

- Die notwendigen Informationen für die nachhaltige Einbindung des Nachunternehmers in die bestehenden Strukturen, die Anwendung der Tools inklusive der relevanten BIM-Anwendungsfälle und der Nutzung der CDE (Common Data Environment) sowie kultureller Werte wie einem wertschätzenden Umgang miteinander werden im Onboarding vermittelt, an welchem möglichst das gesamte Team des Nachunternehmers teilnehmen sollte.

- Auch bei Teambuilding Veranstaltungen empfiehlt es sich, die Nachunternehmer im Rahmen der Möglichkeiten einzubinden.

Die Rahmenvereinbarung ist möglichst mit allen Nachunternehmern einheitlich zu vereinbaren. Eine Abweichung hiervon muss der betreffende Partner gegenüber dem PMT begründen. Nur so kann es gelingen, die IPA-Kultur im gesamten Projektteam auf allen Ebenen zu etablieren.

Darüber hinaus sollte erwogen werden, Nachunternehmer in die integrale Arbeitsweise in besonderer Weise einzubinden. Dies gilt insbesondere für die Nachunternehmer, deren Leistungen und Zuverlässigkeit von besonderer Bedeutung für den Projekterfolg sind.

Um den Nachunternehmer zu überdurchschnittlichem Engagement zu motivieren, kann eine Beteiligung am Erfolg über eine Anreizgestaltung in Aussicht gestellt und entsprechend vereinbart werden. Gängige Sanktionen, wie die Vereinbarung von Vertragsstrafen, sind erfahrungsgemäß wenig geeignet, um eine kooperative und zielorientierte Verhaltensweise von Nachunternehmen zu erreichen. Sie sind oftmals unbefriedigend, weil nur auf eine bereits eingetretene Schlechterfüllung reagiert werden kann und vielfach lediglich Abwehrreaktionen im Sinne von „Claims" erzeugt werden. Vielmehr sollten gerade in IPA-Verträgen auch die Nachunternehmer durch positive Anreize im Rahmen der Vergütung dazu motiviert werden, gemeinsam mit den Vertragspartnern des Mehrparteienvertrags die Projektziele zu fördern und bestmöglich zu erreichen. Hierdurch wird eine größere Motivation an innovativen Lösungen, an einer effizienten Mittelverwendung und an einem zielorientierten Zusammenwirken mit den anderen Beteiligten gefördert. Weiter werden durch die Anreize alle an der Projektrealisierung Beteiligten auf das Erreichen identischer Ziele ausgerichtet. Es werden präventive Anreize für Leistungsverbesserungen sowie eine größere Sorgfalt bei der Arbeitsvorbereitung und Selbstkontrolle gesetzt. So lassen sich in der Regel Kostenreduzierungen und Zeitersparnisse bei der Planung und Bauausführung erzielen.

Die Implementierung eines Anreizsystems für Nachunternehmer kann in vielfältiger Weise und mit unterschiedlicher Intensität und Transparenz gestaltet werden. So kann als kleinster anreizbasierter Schritt bei einem konventionellen VOB/B-Vertrag für die Erreichung bestimmter Ziele ein Bonus vereinbart werden. Demgegenüber weitergehend ist eine Angleichung des gesamten Vergütungssystems an die Systematik der Vergütung in einem Mehrparteienvertrag. Die sodann höchste Stufe der Form der Einbeziehung eines Nachunternehmers kann darin liegen, diesen nachträglich zur Partei des Mehrparteienvertrags zu machen. Alle Vertragsgestaltungen haben jedoch gemein, dass ausschließlich mit positiven Anreizen gearbeitet wird.

Dem IPA-Modell am nächsten kommt die Vereinbarung eines Kostenerstattungsvertrags mit Anreizvergütung. Auch der Nachunternehmer erhält die Direkten Projektkosten inklusive der Baustellengemeinkosten (BGK) erstattet (Selbstkostenerstattung). Dabei sollte überlegt werden, auch im Nachunternehmerverhältnis eine Prüfung der Erstattbaren Kosten durch einen Wirtschaftsprüfer zu vereinbaren. Allgemeine Geschäftskosten und Gewinn werden – hält man sich an das System des Mehrparteienvertrags – auch im Nachunternehmervertrag unter Umständen bezogen auf eine feste Bauzeit als absoluter Betrag festgeschrieben, unabhängig von der tatsächlichen Leistung in diesem Zeitraum (→ Abrechnung der Nachunternehmerkosten, S. 110).[22]

Die Regelung kann ferner vorsehen, dass eine gemeinsame Risikotragung erfolgt oder dass Einsparungen im Hinblick auf Kosten und/oder Zeit aufgrund von Optimierungsvorschlägen des Nachunternehmers anteilig an den Nachunternehmer als zusätzlicher Gewinn ausgeschüttet werden. Auch die Incentivierung von sonstigen Zielerreichungen durch die Ausschüttung von Boni – auch anteilig – an die Nachunternehmer ist denkbar.

Insgesamt darf nicht unterschätzt werden, dass die adäquate Einbindung der Nachunternehmer in die IPA-Kultur einen Aufwand bedeutet, der im Rahmen der gesamten Kostenplanung und insbesondere des Zielkostenangebotes Berücksichtigung finden muss. Auf der anderen Seite entstehen erhebliche Chancen durch eine verbesserte Zusammenarbeit, optimierte Abstimmung von Schnittstellen, Nutzung des Knowhows sowie insbesondere vereinfachte Prozesse durch die direkte Einbindung in die Datenumgebung mit Vermeidung entsprechender Zusatzkosten (im Lean Sinne „Verschwendung") infolge von Auseinandersetzungen, verdeckter Kommunikation, Missverständnissen, Bauen nach veralteten Plänen mit Aufwand für Rückbau und / oder Korrekturen, oder auch Mehrfachaufwand für unnötig wiederholte Prozessschritte im Rahmen der Abrechnung und Dokumentation.

Der eingesetzte Aufwand für Onboarding und kontinuierliche Einbindung der Nachunternehmer wird damit um ein Vielfaches wettgemacht und ist in jeder Hinsicht lohnend, gerade auch unter dem Aspekt des dringend erforderlichen nachhaltigen Kulturwandels in der Bauwirtschaft mit dem Ziel der wertschätzenden Zusammenarbeit auf Augenhöhe.

22 Schwerdtner/Reumann NZBau 2024, 13-15.

2. Selbstausführungsgebot

Das Selbstausführungsgebot gilt nur für bestimmte kritische Aufgaben.

Öffentliche Auftraggeber sind vergaberechtlich daran gehindert, einen Nachunternehmereinsatz generell auszuschließen. Ein Bieter kann sich zum Nachweis seiner Eignung nach § 47 Abs. 1 VgV, § 6d EU Abs. 1 VOB/A grundsätzlich auf andere Unternehmen berufen (sog. Eignungsleihe). Der EuGH hat mehrfach klargestellt, dass es einem Bieter grundsätzlich freisteht, für die Ausführung eines Auftrags unbegrenzt auf Nachunternehmer zurückzugreifen. Hierdurch wird ihm die Möglichkeit eingeräumt, seine Eignung durch Rückgriff auf die Kapazitäten der Drittunternehmen nachzuweisen, sofern belegt ist, dass diese im Auftragsfall auch zur Verfügung stehen.[23]

Nur ausnahmsweise kann ein öffentlicher Auftraggeber daher gemäß § 47 Abs. 5 VgV, § 6d EU Abs. 4 VOB/A vorschreiben, dass „bestimmte kritische Aufgaben" direkt vom Bieter selbst bzw. bei einer Bietergemeinschaft von einem Mitglied der Bietergemeinschaft ausgeführt werden müssen (sog. Selbstausführungsgebot). Der öffentliche Auftraggeber darf somit nur in begründeten Ausnahmefällen die Selbstausführung von Leistungsteilen durch den Hauptauftragnehmer anordnen. Wie die Formulierung „kann" in § 47 Abs. 5 VgV, § 6d EU Abs. 4 VOB/A zeigt, steht dem öffentlichen Auftraggeber insoweit ein Ermessen zu. Die Erwägungen für das Vorliegen der Voraussetzungen müssen zur Vergabeakte dokumentiert werden.

Unzulässig ist es vorzuschreiben, dass ein bestimmter fester Prozentsatz der von dem Auftrag umfassten Arbeiten mit eigenen Mitteln erbracht werden muss.[24] Der Auftraggeber darf die Selbstausführung auch nicht für wesentliche Teile der Leistung vorschreiben.[25] Auch ist eine nationale Regelung, nach der das bevollmächtigte Unternehmen einer Gruppe von Wirtschaftsteilnehmern, die sich an einem Verfahren zur Vergabe eines öffentlichen Auftrags beteiligt, „mehrheitlich" die Leistungen des Auf-

23 EuGH 14.7.2016, Rs. C-406/14, NZBau 2016, 571; EuGH, 18.3.2004, Rs. C-314/01, NZBau 2004, 340; EuGH 2.12.1999, Rs. C-176/98, NZBau 2000, 149.
24 EuGH 14.7.2016, Rs. C-406/14, NZBau 2016, 571.
25 OLG Rostock 23.4.2018, Az. 17 Verg 1/18, NZBau 2018, 783.

trags erbringen muss, vergaberechtswidrig.[26] Nur für „bestimmt kritische Aufgaben" darf nach der gesetzlichen Regelung und ständigen Rechtsprechung ausnahmsweise ein Selbstausführungsgebot angeordnet werden. Darüber hinaus ist die Anordnung eines Selbstausführungsgebots unzulässig.

Wann ausnahmsweise eine „bestimmte kritische Aufgabe" vorliegt, ist weder in der Richtlinie 2014/24/EU noch in § 47 Abs. 5 VgV, § 6d EU Abs. 4 VOB/A, § 47 Abs. 5 SektVO näher definiert. Aufgrund des Regel-Ausnahme-Verhältnisses ist der Begriff „bestimmte kritische Aufgaben" grundsätzlich eng auszulegen. Der öffentlichen Auftraggeber muss unter Berücksichtigung der Umstände des Einzelfalls und anhand der konkret ausgeschriebenen Leistungen bestimmen, ob und ggf. welche Teilleistungen „kritische Aufgaben" in diesem Sinne sind. Besteht beispielsweise bei Weitergabe der entsprechenden Leistung an einen Nachunternehmer ein höheres Risiko einer nicht rechtzeitigen oder mangelhaften Leistung, als bei Erbringung durch den Bieter selbst, kann ausnahmsweise ein Selbstausführungsgebot gerechtfertigt sein. Die Verwirklichung des Risikos muss aber mit besonderen Nachteilen für den Auftraggeber verbunden sein. „Kritisch" in diesem Sinne können daher nur Leistungen sein, die entweder besonders fehleranfällig oder für den Leistungserfolg von besonderer Bedeutung sind.[27]

Mit einem pauschalen Verweis auf eine Realisierung des Projekts mittels IPA kann der Ausschluss eines Nachunternehmereinsatzes somit vergaberechtlich nicht gerechtfertigt werden. Vielmehr muss – wie bei konventionellen Vergaben auch – im Einzelnen begründet werden, warum die konkrete Leistung kritisch ist und daher ein Nachunternehmereinsatz ausgeschlossen werden soll.

26 EuGH 28.4.2022, Rs. C-642/20, NZBau 2022, 413.
27 VK Thüringen 19.12.2019, 250-4003-15326/2019-E-010-G.

3. Im Vergabeverfahren benannte Nachunternehmer

Von den Bietern im Vergabeverfahren benannte Nachunternehmer sind nicht zwingend für die Ausführung gesetzt.

Es ist für einen öffentlichen Auftraggeber vergaberechtlich grundsätzlich zulässig vorzugeben, dass Nachunternehmer, die ein Bieter im Rahmen des Vergabeverfahrens bereits benannt hat, nicht zwingend für die spätere Ausführung gesetzt sind, sondern stattdessen über jeden Nachunternehmer durch das PMT eine gesonderte Entscheidung getroffen wird. Jeder Nachunternehmer muss sich dann dem Wettbewerb mit weiteren ebenso geeigneten Nachunternehmern stellen. Aus Gründen der Transparenz sollte das Verfahren der Auswahl der Nachunternehmer und deren Einbindung in den Planungs- und Bauablauf bereits in den Vergabeunterlagen festgelegt und beschrieben werden.

Den Bietern wird damit nicht aufgegeben, die Leistungen selbst zu erbringen, sondern die Allianz hat lediglich das Recht, nach Zuschlagserteilung – und damit nach Abschluss des Vergabeverfahrens – einen Wechsel des Nachunternehmers zu verlangen. Einem Bieter wird dadurch nicht die Möglichkeit genommen, sich im Rahmen des Vergabeverfahrens im Wege der Eignungsleihe auf die Kapazitäten anderer Unternehmen zu berufen, folglich wird also nicht gegen § 47 VgV, § 6d EU VOB/A und die vorstehend dargelegte ständige Rechtsprechung verstoßen.

Auch daraus, dass dem Bieter damit das Recht genommen wird, den Nachunternehmer verbindlich alleine auswählen zu können, folgt kein Vergabeverstoß. Im Vergabeverfahren hat er weiterhin das Wahlrecht, welchen Nachunternehmer er benennt. Seine Stellung im Vergabeverfahren wird hiervon folglich nicht berührt.

Ein öffentlicher Auftraggeber darf nach der Rechtsprechung sogar für einzelne Leistungsbereiche den Einsatz bestimmter Nachunternehmer bereits in der Ausschreibungsphase zwingend vorgeben.[28] Wenn es vergaberechtlich zulässig ist, dass der Auftraggeber einen Nachunternehmer für das Vergabeverfahren setzt, muss es erst Recht zulässig sein, wenn in den Ausschreibungsunterlagen vorbehalten wird, dass ein vom Bieter benannter Nachunternehmer nicht gesetzt ist und durch einen anderen geeigneten Nachunternehmer ausgetauscht werden kann.

Zudem wird der Bieter im Auftragsfall auch Mitglied des PMT, welches endgültig über die Beauftragung des Nachunternehmers entscheidet. Er wirkt an der Auswahl seines endgültigen Nachunternehmers also auch mit. Vertraglich ist dabei sicherzustellen, dass durch das PMT der vom IPA-Partner im Vergabeverfahren benannte Nachunternehmer nur durch einen geeignete Nachunternehmer ersetzt werden darf.

Eine vergaberechtlich unzulässige Benachteiligung des Auftragnehmers kann auch nicht daraus abgeleitet werden, dass der vom PMT bestimmte Nachunternehmer möglicherweise teurer sein könnte. Da eine Vergütung nach Ist-Kosten erfolgt, hat der jeweilige IPA-Partner hierdurch keine wirtschaftlichen Nachteile.

4. Ausschluss Nachunternehmerkette

In der Regel empfiehlt es sich festzulegen, dass es den Nachunternehmern untersagt ist, ihrerseits Nachunternehmer einzusetzen. Zielsetzung ist es, Nachunternehmerketten zu verhindern, da – je weiter der Nachunternehmer vom Hauptunternehmer in der Vertragskette entfernt ist – sich die Einflussmöglichkeit der Allianz auf die Nachunternehmer verschlechtert.

Vergaberechtliche ist die Festlegung zulässig. Ein Selbstausführungsgebot zu Lasten des Bieters wird nicht angeordnet, da nicht er, sondern lediglich sein Nachunternehmer dazu verpflichtet wird, die Leistung im eigenen Betrieb zu erbringen. Die Möglichkeit der Eignungsleihe gemäß § 47 Abs. 5 VgV, § 6d EU Abs. 4 VOB/A wird den Bietern somit nicht abgeschnitten.

28 VK Bund 04.08.2020, VK 1-46/20.

Das Verbot von Nachunternehmerketten ist auch sachlich gerechtfertigt. Wird ein Projekt mittels IPA verwirklicht, werden umfangreiche, über einen klassischen Bau- oder Planervertrag hinausgehende Kooperationspflichten der Parteien begründet. Jeder IPA-Partner bringt sein Knowhow bereits in den Planungsprozess ein. Nachunternehmer werden hingegen nicht unmittelbarer Partner der Allianz, sodass sicherzustellen ist, dass diese sich – soweit erforderlich – in den Planungsprozess einbringen werden. Würde ein Nachunternehmer nun seinerseits Nachunternehmer beauftragen, würde ein weiterer Beteiligter ins Projekt gebracht, der vertraglich nochmals weiter von der Allianz entfernt stehen würde. Damit verringert sich die Einflussmöglichkeit der Allianz auf die Nachunternehmer weiter. Daher besteht ein berechtigtes Interesse Nachunternehmerketten zu unterbinden.

SHORT FACTS:

- Für die Auswahl und Eignung eines Projektes für die Integrierte Projektallianz sind einige Kriterien zu erfüllen. Es soll insbesondere ausreichend Potential für die gemeinsame Entwicklung der bestmöglichen Lösung gegeben sein.

- Nach Entscheidung für die Umsetzung mit IPA sind zahlreiche vorbereitende Aufgaben durch das auftraggeberseitige Team zu bearbeiten.

- In diesem Team gibt es Personen, die unterstützend oder „hauptamtlich" tätig sind. Das PMT-Mitglied des Auftraggebers kann im besten Fall durch einen internen Bewerbungsprozess mit Assessment-Center ausgewählt werden, so kann unter anderem die Bereitschaft für die neue Projektkultur bei der Besetzung sichergestellt werden.

- Sind die Projektmitarbeiter des Auftraggebers ausgewählt, durchlaufen sie ein IPA- und Lean Training und Teambuilding.

- Zu den in der Phase 0 zu bearbeitenden Themen gehören die Aufstellung des Projektprogramms, die Bearbeitung des Vertragsentwurfs, die Festlegung des Leistungszuschnitts und die Vorbereitung und Durchführung der Vergaben, die Aufstellung des Budgets sowie des Rahmenterminplans und eine erste Risikobewertung, die Definition der Conditions of Satisfaction, die Vorbereitung der auftraggeberseitigen Organisation, die Planung einer Colocation sowie die Bindung von erforderlichen Dritten.

- Die Conditions of Satisfaction fassen die Wertschöpfungsziele des Auftraggeber, des Nutzers und auch des Betreibers in messbare, priorisierte Kriterien und dienen dem Team für alle Entscheidungen als Kompass zur Ausrichtung „best for project".

- Für die Festlegung, welche Projektpartner zu Allianzpartnern werden sollen, werden die erfolgsrelevanten Leistungspakete identifiziert. Bei der Partnerauswahl sollen eine optimale Leistungsabdeckung mit entsprechender Erfahrung, eine möglichst hohe Eigenfertigungstiefe und Team- und Innovationsfähigkeit Beachtung finden.

- Die Colocation wird dem Team ab Projektbeginn zur Verfügung gestellt und bietet mehrere Räume mit Arbeitsplätzen für die PITs, Stillarbeitsplätze, Besprechungsräume und einen Big Room. Sie sollte gut zu erreichen und insbesondere in der Realisierungsphase direkt am Projekt lokalisiert sein.

- Neben den IPA-Partnern werden weitere Kompetenzträger in einem IPA-Projekt benötigt. Für die Phase 0 werden ein IPA- und Lean Coach, Rechtsberatung für Vertragsgestaltung und Vergabeverfahren, Arbeitspsychologen für die Durchführung der Assessments und ggf. ein BIM Coach benötigt. Für die Projektbegleitung sind neben dem IPA- und Lean-Coach ein Wirtschaftsprüfer und ggf. ein Baupreissachverständiger, ein BIM-Coach und ein Versicherungsmakler einzubinden.

- Da ein Verzicht auf gegenseitige Haftung in Deutschland nicht möglich ist, wird anstelle dessen eine einheitliche Versicherungslösung für versicherbare Schäden durch einen einzigen Versicherer angestrebt.

- Die richtige Auswahl der Partner ist ein Erfolgsfaktor der IPA. Die Gestaltung des Auswahlverfahrens steht einem privaten Auftraggeber frei. Der öffentliche Auftraggeber muss die Vorgaben des Vergaberechts einhalten. Die Partnerauswahl erfolgt zumeist im Verhandlungsverfahren mit vorgeschaltetem Teilnahmewettbewerb und in Einzelverfahren je Leistungspaket, wenngleich auch eine Teambewerbung möglich erscheint.

- Bei der Auswahl spielen Preiskriterien eine untergeordnete Rolle. Vielmehr kommen neben der technischen Kompetenz und der Verfügbarkeit qualifizierten Personals die Team- und Innovationsfähigkeit zum Tragen.

- Als Kostenelemente werden Stundensätze für die Planungs- und Beratungsleistungen in Phase 1 sowie Deckungsbeiträge für Allgemeine Geschäftskosten und Gewinn gewertet. Sie sollten mit ca. 30 % in die Wertung einfließen.

- Für die Einbindung der Nachunternehmer in die IPA wird eine Rahmenvereinbarung entwickelt, damit die IPA-Kultur auch auf die Zusammenarbeit mit den Nachunternehmern übertragen werden kann.

C

Vertragsabschluss

Vertragsabschluss des Mehrparteien-vertrags
Bildung der Allianz

Der Vertragsabschluss mit den einzelnen Auftragnehmern erfolgt nach Durchführung der Vertragsverhandlungen grundsätzlich durch Unterzeichnung des Mehrparteienvertrages. Der private Auftraggeber ist hierbei wesentlich freier als ein Auftraggeber der öffentlichen Hand.

Die Unterzeichnung des Mehrparteienvertrages im Rahmen einer formellen Vergabe eines öffentlichen Auftraggebers hat symbolischen Charakter, da der Auftraggeber bereits durch die im Vergabeverfahren vorgesehene Zuschlagserteilung mit jedem einzelnen Auftragnehmer einen Vertrag abschließt. Die Auftragnehmer haben sich mit Abgabe ihres finalen Angebotes auf Basis des einheitlichen Vertragsentwurfes jedoch dazu verpflichtet, nach Zuschlagserteilung in sämtlichen Einzelverfahren mit den übrigen so gefundenen Auftragnehmern den Mehrparteienvertrag zu schließen. Häufig wird dabei von Bieterseite kritisiert, dass man sich in ein Vertragsverhältnis begeben müsse, dessen Vertragspartner man nicht kenne. Dies sei unzumutbar und würde von einer Beteiligung an einem entsprechenden Vergabeverfahren abschrecken.

Ob es sich hierbei um ein valides Argument handelt, kann nicht beurteilt werden. Richtig ist jedenfalls, dass Partner, die unter keinen Umständen zusammenarbeiten wollen, vermutlich auch keine guten und verlässlichen IPA-Partner sind. Andererseits wurden die einzelnen Mitarbeiter im Rahmen des Auswahlprozesses daraufhin überprüft, dass sie teamfähig sind, sodass davon auszugehen ist, dass die Menschen, die das Projekt umsetzen, grundsätzlich in der Lage sind, als Team zusammenzuarbeiten.

Um als öffentlicher Auftraggeber diesem Argument zu entgehen, wäre es denkbar, am Ende des Vergabeprozesses unter ausdrücklicher Bestätigung der Verschwiegenheit den jeweils letzten beiden Bietern der übrigen Vergabepakete die beiden verbliebenen Bestbieter der anderen Vergabepakete mitzuteilen. Sie können dann entscheiden, ob sie ein finales Angebot abgeben möchten oder aber aus dem Vergabeverfahren aussteigen. Für den öffentlichen Auftraggeber ist dies jedoch mit dem erheblichen Nachteil verbunden, dass er unter Umständen nicht den Bestbieter je Vergabepaket beauftragen kann.

I.
Rechtsnatur des IPA-Vertrags

Der IPA-Vertrag umfasst neben werk-, bau-, architekten- und dienstvertraglichen auch gesellschaftsvertragliche Elemente. Daher ist fraglich, um welche Art von Vertrag es sich handelt und ob dieser einem der im BGB geregelten Typenverträge zugeordnet werden kann. Sofern der Vertrag keinem bestimmten Vertragstyp entsprechen sollte, könnte es sich um einen typengemischten Vertrag oder Vertrag sui generis handeln. Die Einordnung des IPA-Vertrags ist ua für die Frage von Bedeutung, welche rechtlichen Regelungen den Maßstab für eine AGB-rechtliche Inhaltskontrolle gem. §§ 305 ff. BGB bilden und welche gesetzlichen Regelungen subsidiär gelten, wenn der IPA-Vertrag zu einzelnen Aspekten nichts regelt. Die rechtliche Einordnung eines IPA-Vertrags ist derzeit noch nicht abschließend geklärt und durchdrungen.[29]

Aufgrund der den IPA-Partnern auf Auftragnehmerseite übertragenen umfassenden Planungs- und Bauverpflichtungen liegt eine Qualifizierung als Werk-, Bau- oder Architekten-/Ingenieurvertrag nahe.

Prägendes Element eines Werkvertrags ist die Erfolgsbezogenheit, dh der Unternehmer ist verpflichtet, durch Arbeit oder Dienstleistung einen bestimmten Erfolg herbeizuführen.[30] Im Gegenzug erhält er vom Besteller die vereinbarte Vergütung.

Der Bauvertrag ist eine Sonderform des Werkvertrags, für den ergänzend zum allgemeinen Werkvertragsrecht die Regelungen gemäß § 650a – 650h BGB gelten. Als Erfolg schuldet der Unternehmer nach § 650a Abs. 1 BGB die Herstellung, Wiederherstellung, Beseitigung oder den Umbau eines Bauwerks, einer Außenanlage oder eines Teils davon.

29 In der Doktorarbeit von Warda, Die Realisierbarkeit von Allianzverträgen im deutschen Vertragsrecht, eine rechtsvergleichende Untersuchung am Beispiel von Project Partnering, Project Alliancing und Integrated Project Delivery, erfolgte eine ausführliche Untersuchung, ob ein IPA-Vertrag einem bereits kodifizierten Vertragstyp des BGB zugeordnet werden kann oder ob es sich um einen gemischt-typischen oder einen Vertrag sui generis handelt.

30 Busche Münchner Kommentar BGB § 631 Rn. 1.

Bei einem Architekten- und Ingenieurvertrag handelt es sich nach der systematischen Einordnung des Gesetzgebers um einen werkvertragsähnlichen Vertrag.[31] Schon vor der erstmaligen Kodifizierung des Architekten- und Ingenieurvertrags im BGB im Zuge der Baurechtsreform 2018, wurden Architekten- und Ingenieurverträge aufgrund der erfolgsbezogenen Leistungspflichten als Werkverträge eingeordnet.[32] Für Architekten- und Ingenieurverträge gelten gemäß § 650 a Abs. 1 BGB die allgemeinen Vorschriften des Werkvertragsrechts, soweit sich aus den besonderen Regelungen gemäß §§ 650 p – 650 t BGB nichts anderes ergibt. Geschuldeter Werkerfolg ist bei Beauftragung der Planung und der Überwachung die mangelfreie Entstehung des Bauwerks.

Weiter wird diskutiert, ob der IPA-Vertrag als Gesellschaftsvertrag iSv § 705 BGB zu qualifizieren ist. Durch einen Gesellschaftsvertrag verpflichten sich die Gesellschafter gegenseitig, die Erreichung eines gemeinsamen Zweckes in der durch den Vertrag bestimmten Weise zu fördern, insbesondere die vereinbarten Beiträge zu leisten. Der gemeinsam angestrebte Zweck könnte hier in der erfolgreichen Realisierung des Projekts mittels IPA gesehen werden. Auch sind alle IPA-Partner verpflichtet, ihren Beitrag zur erfolgreichen Projektrealisierung zu leisten und dessen Erreichen zu fördern. Daher scheint die Einordnung als Gesellschaftsvertrag nahe zu liegen. Folge wäre, dass die Allianz als Ganzes als Gesellschaft bürgerlichen Rechts zu qualifizieren wäre.[33]

Nach diesseitiger Ansicht ist der IPA-Vertrag nicht als Gesellschaftsvertrag zu qualifizieren.[34] Die Organisation der Allianz unterscheidet sich grundlegend von derjenigen einer Gesellschaft bürgerlichen Rechts.[35] Eine BGB-Gesellschaft zeichnet sich dadurch aus, dass alle Mitgesellschafter umfassende Einwirkungs- und Kontrollmöglichkeiten haben.[36] So sind gemäß § 715 Abs. 1 BGB alle Gesellschafter zur Führung der Geschäfte

31 Leupertz/Preussner/Sienz/Fuchs BeckOK Bauvertragsrecht BGB § 650p Rn. 7.
32 zB BGH 24.6.2004, VII ZR 259/02, NJW 2004, 2588.
33 Fuchs/Leuering sprechen sich in ihrem Aufsatz „Die gesellschaftsrechtliche Einordnung einer Integrierten Projektabwicklung mittels Mehrparteienvertrags", NZBau 2022, 499 ff. für eine Qualifizierung als BGB-Innengesellschaft aus, jedoch gegen eine Qualifizierung als rechtsfähige Gesellschaft bürgerlichen Recht aus. Den IPA-Vertrag ordnen sie insgesamt als Typenkombination aus Gesellschafts- sowie Bauvertrag- und Architekten- und Ingenieurvertrag ein. Unter Anwendung der Kombinationsmethode sollen auf die einzelnen Vertragsbestandteile dann grundsätzlich die jeweils für sie geltenden Normen anzuwenden sind.
34 Ausführlich hierzu Warda Realisierbarkeit von Allianzverträgen S. 258 ff. zur nicht gegebenen Einordnung als Gesellschaftsvertrag.
35 Breyer/Boldt/Haghsheno Alternative Vertragsmodelle S. 265 ff.
36 Siehe vorstehende Fußnote.

der Gesellschaft berechtigt und verpflichtet, soweit der Gesellschaftsvertrag nichts Abweichendes regelt. Bei einem IPA-Vertrag sind die Einflussmöglichkeiten der IPA-Partner im PMT und SMT hingegen in der Regel auf die Gestaltung und den Ablauf des Projekts beschränkt. Diese Gremien können die Allianz auch nicht als Ganzes nach außen vertreten und verpflichten. Zudem besteht bei einem IPA-Vertrag weiterhin ein Austauschverhältnis zwischen der Auftraggeberin und den Auftragnehmern, dh der Auftraggeber bleibt im bilateralen Verhältnis mit den Auftragnehmern zur Zahlung des Werklohns verpflichtet, während diese die ihnen jeweils zugewiesenen Planungs- und Bauleistungen erbringen. Auch deswegen kann der IPA-Vertrag nicht als Gesellschaftsvertrag eingeordnet werden, auch wenn die IPA-Partner den gemeinsamen Zweck einer erfolgreichen Projektrealisierung verfolgen.[37]

Feststeht weiter, dass aufgrund des Nebeneinanders von Planungs- und Ausführungspflichten der IPA-Vertrag nicht als reiner Werk-, Bau- oder Architekten- und Ingenieurvertrag eingeordnet werden kann. Es könnte sich jedoch um einen typengemischten Vertrag handeln, also einen Vertrag in dem Elemente verschiedener gesetzlich geregelter Vertragstypen miteinander kombiniert werden.[38] Es gibt bei typengemischten Verträgen unterschiedliche Ansätze zur Bestimmung des anwendbaren Rechts. Nach einer Ansicht soll der im Vordergrund stehende Vertragstyp das Recht anderer in Betracht kommender Vertragstypen verdrängen.[39] Die Rechtsprechung stellt regelmäßig auf den Schwerpunkt des Vertrags ab.[40] Um die Interessenlage im typengemischten Vertrag angemessener zu berücksichtigen, sollen nach einem anderen Ansatz auf die einzelnen Vertragsbestandteile die jeweils für sie geltenden Normen anzuwenden sein.[41] Denkbar wäre daher, den IPA-Vertrag, soweit es um die Erbringung von Planungsleistungen in der Planungsphase geht, dem Architekten- und Ingenieurvertragsrecht und, soweit es um die Ausführung der Leistungen in der Bauphase geht, dem Bauvertragsrecht zu unterwerfen.

37 Breyer/Boldt/Haghsheno Alternative Vertragsmodelle S. 265 ff.; Warda Realisierbarkeit von Allianzverträgen S. 297.
38 Emmerich Münchner Kommentar BGB § 311 Rn. 29 ff.
39 sog. Absorptionsmethode, vgl. hierzu Emmerich BGB § 311 Rn. 29.
40 BGH 12.1.2017 – III ZR 4/16, NJW-RR 2017, 622; BGH, 21.4.2005 – III ZR 293/04, NJW 2005, 2008.
41 sog. Kombinationstheorie, Dauner-Lieb/Langen/Becker BGB § 311 Rn. 31; zu möglichen Ausnahmefällen siehe Herresthal, beck-online Grosskommentar, Stand 1.9.2023, BGB § 311 Rn. 97.

Auch die Einordnung als typengemischter Vertrag stößt aufgrund der Besonderheiten eines IPA-Vertrags aber an Grenzen. Zwar ist der IPA-Vertrag stark von werkvertraglichen Pflichten geprägt. Die Kooperations- und Kollaborationspflichten in einem IPA-Vertrag gehen aber deutlich über die in klassischen Werk-, Bau-, Architekten- und Ingenieurverträgen geltende allgemeine Kooperationspflicht hinaus. Typisches Element eines IPA-Vertrags ist beispielsweise auch, dass in Abkehr vom klassischen Haftungssystem des BGB-Werkvertragsrechts (abhängig von der jeweiligen vertraglichen Gestaltung) eine gänzliche oder teilweise Vergemeinschaftung der Haftung erfolgt. Auch gibt der Auftraggeber zwar Rahmenbedingungen für das Projekt vor. Eine detaillierte Festlegung der auszuführenden Qualitäten, Termine und Kosten, also die Definition des konkret geschuldeten Erfolgs, erarbeiten die IPA-Partner erst in der Planungsphase gemeinsam. Da der Planungsprozess dynamisch und beispielsweise auf Optimierungen ausgerichtet ist, kann es dabei auch zu einer Anpassung der Zielvorstellungen des Auftraggebers kommen. Änderungen des bei Vertragsschluss festgelegten Werkerfolgs sind – ausgenommen es besteht ein Anordnungsrecht des Auftraggebers gemäß § 650b BGB – im Werkvertragsrecht nicht vorgesehen. Der statische Charakter des Werkvertragsrecht passt somit eigentlich nicht zu der in IPA-Verträgen üblichen fortlaufenden und dynamischen Anpassung des Wegs zur erfolgreichen Projektrealisierung.[42] Auch die Vergütung steht mit Vertragsschluss noch nicht fest.

All dies spricht dagegen, den IPA-Vertrag als typengemischten Werkvertrag in der Ausprägung eines Bauvertrags und/ oder Architekten- und Ingenieurvertrags einzuordnen.[43]

Eine klare Zuordnung des IPA-Vertrags zu einem bestimmten Vertragstyp ist somit nicht möglich. Auch die Einordnung als typengemischter Vertrag ist wie dargelegt kritisch zu sehen. In der juristischen Literatur besteht – soweit bisher eine nähere Befassung mit der rechtlichen Einordnung des IPA-Vertrags erfolgt ist – daher die Tendenz, einen IPA-Vertrag als sog.

42 Dauner-Lieb NZBau 2019, 339 (340).
43 Dauner-Lieb NZBau 2019, 339 (340); ausführlich Warda Realisierbarkeit von Allianzverträgen S. 184 – 211 zur Einordnung als Werkvertrag, S. 212 – 226 zur Einordnung als Bauvertrag und S. 227 – 243 zur Einordnung als Architekten- und Ingenieurvertrag und auf S. 244 - 257 zu dem hier nicht näher betrachteten Dienstvertrag.

Vertrag sui generis einzuordnen.[44] Ein Vertrag sui generis ist ein Vertrag, der so weit von den geregelten Vertragstypen entfernt ist, dass eine weitgehende Anlehnung an einen Vertragstyp oder eine Kombination mehrerer Vertragstypen nicht zu interessengerechten Ergebnissen führen würde.[45] Das auf den Vertrag anwendbare dispositive Recht muss dann im Wege der richterlichen Rechtsfortbildung geschaffen werden.[46]

II. Vergütungsregelungen

Den Vergütungsregelungen kommt im IPA-Vertrag wie auch in sonstigen Planungs- und Bauverträgen eine besondere Bedeutung zu. Neben den Regelungen zur Vergütung der wesentlichen Leistungsanteile der IPA-Partner für die Entwicklung der Planungslösung und die Bauausführung sowie aller korrespondierenden Prozessschritte ist ein Anreizsystem zu etablieren, das die Zielausrichtung effektiv unterstützt und durch die gemeinschaftliche Erfolgsaussicht das Team in allen Projektsituationen, auch und gerade in kritischen Situationen, zueinander bringt und die Lösungsfindung im gegenseitigen Nutzen ermöglicht. Wesentliche Basis des gemeinsamen wirtschaftlichen Erfolgs ist das Vertrauen der Allianzpartner in die Abrechnung.[47]

1. Wirkweise Selbstkostenerstattung und Anreizsystem

Die Vergütung in der Allianz erfolgt auf Basis der Selbstkostenerstattung, damit keine Anreize für Verhalten der IPA-Partner nach Partikularinteressen geschaffen werden. Diese können nur dann eliminiert werden, wenn allein die tatsächlich entstandenen Kosten vergütet werden. Der Einfachheit halber werden die Zuschläge für Allgemeine Geschäftskosten und

44 Warda Realisierbarkeit von Allianzverträgen S. 367 f.; Dauner-Lieb NZBau 2019, 339; Boldt/Rodde Mustervertragsbedingungen S. 57.
45 Dauner-Lieb/Langen/Becker BGB § 311 Rn. 32.
46 Dauner-Lieb/Langen/Becker BGB § 311 Rn. 33.
47 Haghsheno et. al. Vertrauen und Kontrolle.

Gewinn in der Angebotsphase im Wettbewerb abgefragt und sodann festgeschrieben. Die unter den Einzelkosen der Teilleistungen und den Baustellengemeinkosten (insgesamt die sog. Erstattbaren Kosten) abgerechneten Aufwände dürfen keine Puffer oder Gewinne enthalten.

Bei fest vereinbarten Einheitspreisen oder Stundensätzen könnte es dazu kommen, dass einzelne Ansätze mehr Gewinne und andere weniger Gewinne bedeuten, der Unternehmer also versucht wäre, jene Positionen mit den größeren Margen zu vermehren und damit sein Ergebnis zu verbessern. Dann würden Entscheidungen jedoch nicht mehr im Gesamtprojektinteresse getroffen, was vermieden werden muss.

Für Phase 1 kann das Vorgehen dahingehend vereinfacht werden, dass im Angebot Stundensätze für diese Phase abgefragt werden, welche als Endpreise alle Kostenarten (auch die Zuschläge für Allgemeine Geschäftskosten und Gewinn) enthalten. Werden diese Sätze sodann vertraglich vereinbart, haben die Partner von Beginn an eine Abrechnungsgrundlage. Ebenso ist die Erstattung von tatsächlichen Kosten auch in dieser Phase möglich. Dazu sind die angebotenen Stundensätze zunächst durch einen unabhängigen Prüfer zu überprüfen. Der hierfür erforderliche Zeitbedarf kann einige Wochen betragen und muss im Zeitplan berücksichtigt werden. Da der Prüfer nur die Prognose der Ansätze bestätigt, muss jährlich eine Überprüfung stattfinden, ob die Kosten tatsächlich in dieser Höhe eingetreten sind oder ob Anpassungen erforderlich werden. In Phase 1 kann dann entsprechend auch ein Beteiligungsbeitrag vorgesehen werden, der jedoch erst in Phase 2 seine Wirkung entfaltet. Sollte es zum Exit kommen, werden alle entstandenen Kosten und die bis dahin für den Beteiligungs-Pool zurückgehaltenen Vergütungsanteile ausgezahlt.

Für die in dieser Phase 1 einzubindenden NUs gilt – ebenso wie für die IPA-Partner –, dass sie Planungs- und Beratungsleistungen erbringen, jedoch keine Bauleistungen (diese sind erst in Phase 2 möglich). Sollten Vorabmaßnahmen in geringem Umfang notwendig sein (zB Abbrucharbeiten), um beispielsweise Erkundungen vornehmen zu können, kann der Auftraggeber der Ausführung solcher Leistungen auch schon in Phase 1 zustimmen. Da also Planungs- und Beratungsleistungen an die NUs in Phase 1 beauftragt werden, werden häufig keine Zuschläge auf die NU-Leistungen vergütet, sondern allein der konkrete Aufwand, der aus der Beschaffung und Vertragsabwicklung entsteht. Die in den Stundensätzen enthaltenen Allgemeinen Geschäftskosten und Gewinn decken den darüberhinausgehenden Aufwand in den Unternehmen. Zudem werden NUs in der Phase 1 nur in recht geringem Umfang tätig werden.

In Phase 2 werden überwiegend Bauleistungen an die NUs beauftragt. Hier gilt, wie auch für die Eigenleistungen in Phase 2, dass die Erstattbaren Kosten (Einzelkosten der Teilleistungen und Baustellengemeinkosten) im Sinne der tatsächlich entstandenen Aufwände vergütet werden und die in den Organisationen entstandenen Aufwände über den Zuschlag für Allgemeine Geschäftskosten sowie die Gewinnerwartung über den Zuschlag für Gewinn berücksichtigt werden. Der Bauleitungsaufwand wird über den Stundenaufwand vergütet. Jegliche Aufwände sind somit über das Abrechnungssystem abgedeckt.

Wenn in Phase 2 noch Planungs- und Beratungsleistungen erbracht werden, können hierfür die für Phase 1 vereinbarten Stundensätze der IPA-Partner ausnahmsweise dann weitergelten, wenn der Aufwand für die Feststellung der tatsächlichen Kosten nicht wirtschaftlich sein sollte. Der Aufwand zur Koordinierung und Betreuung der Bauleistungen (=BGK und nach Ist-Aufwand zu vergüten) ist dann von der Planungs- und Beratungsleistung abzugrenzen.

„Es ist klar ein anderer Teamgeist spürbar, in der Colocation, alle an einem Tisch – mit einem gemeinsamen Ziel! Mit Offenheit und Transparenz – außergewöhnlich. Mit den Ausführenden und ebenso mit den Architekten gemeinsam gute Ideen zu entwickeln, ist eine große Freude. Wir sind froh, dabei zu sein, wenn eine neue Baukultur etabliert wird.“

Prof. Markus Pfeil, SMT im Projekt „Allianz 3 Schulen Bremerhaven“ für PKi

Lutz Ameling, PMT im IPA-Projekt „Allianz 3 Schulen Bremerhaven“ für PKi

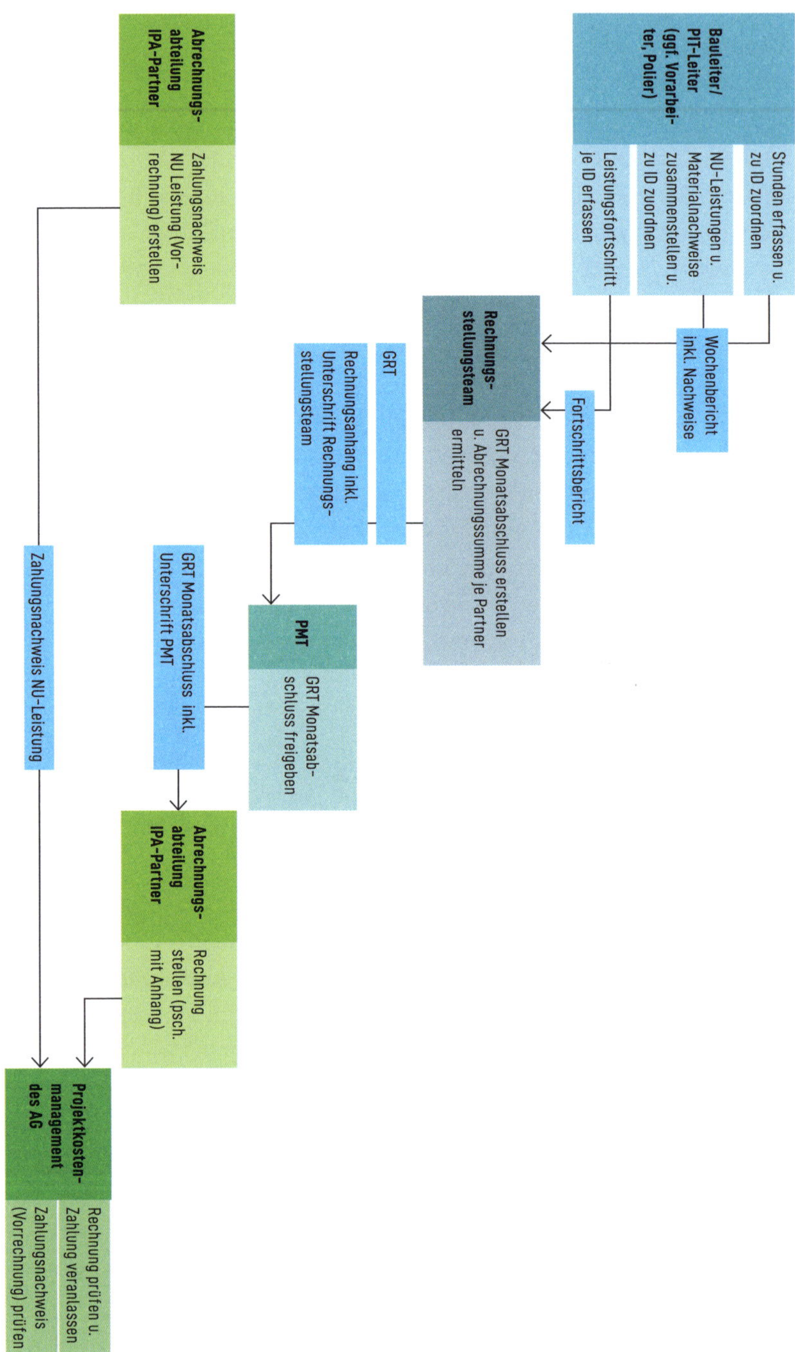

 Möglicher Abrechnungsprozess in Phase 2

Zu den Möglichkeiten der Einbeziehung ausgewählter Auftragnehmer in einen zweiten Kreis der partnerschaftlichen Zusammenarbeit und entsprechende Erfolgsbeteiligung und Anreizgestaltung finden sich Ansätze unter → Einbindung Nachunternehmer, S. 163.

Nach Verabschiedung der Zielkostenermittlung durch die Angebotslegung einerseits und die Angebotsannahme andererseits bilden diese Zielkosten das Budget für die Allianz und damit in gewisser Weise den Inhalt des gemeinsamen Portemonnaies. Alle Ausgaben gehen zu Lasten dieses gemeinsamen Portemonnaies. Alle Einsparungen und Optimierungen sowie vermiedenen Risiken füllen das gemeinsame Portemonnaie. Sind am Projektende alle zur Zielerreichung erforderlichen Leistungen erbracht, alle Rechnungen bezahlt und aller Aufwand vergütet und bleibt eine Restsumme im Portemonnaie, so wird diese Summe unter den Partnern entsprechend den vertraglichen Regularien aufgeteilt. Alle profitieren gemeinsam. Damit dies gelingt, ist eine entsprechende Beteiligung am Misserfolg – also einer Kostenüberschreitung – zu vereinbaren. Diese Beteiligung wird als Beteiligungs-Pool oder Incentive Share bezeichnet. Alle Auftragnehmer-IPA-Partner erklären sich bereit, mit einem Anteil ihrer Vergütung ins Risiko zu gehen, wenn die Einhaltung der Zielkosten verfehlt wird. Durch diesen Schritt wird die Verantwortung schon bei Ermittlung der Zielkosten und ebenso nachfolgend bei der Realisierung gemeinsam getragen.

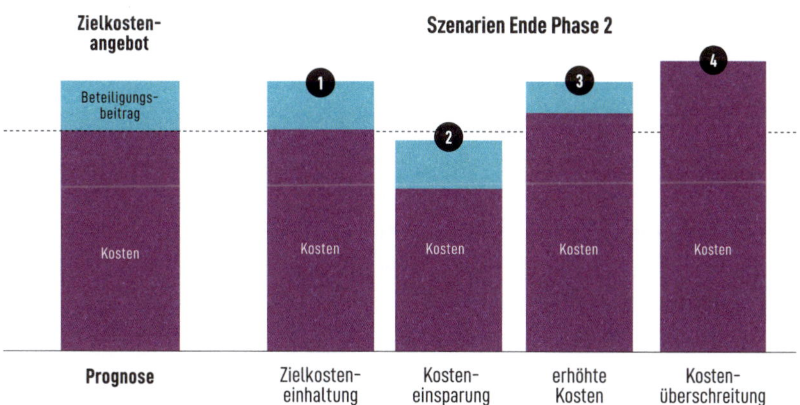

Anreizbasiertes Vergütungsmodell

Der Beteiligungsbeitrag wird entsprechend eines Einbehaltes zurückgehalten und nicht mit den monatlich von den IPA-Partnern zu stellenden Rechnungen über den geleisteten Aufwand ausgezahlt. Dieses Vorgehen kann dazu führen, dass die finanziellen Belastungen der Vorfinanzierung für einzelne Partner zu groß werden, insbesondere dann, wenn der Beteiligungsbeitrag nicht nur den Anteil der Gewinnerwartung umfasst, sondern auch Anteile der Gemeinkosten. In diesem Fall kann vertraglich vorgesehen werden, dass das Allianzteam gemeinsam über die Auflösung von Teilbeträgen der Einbehalte entscheidet. Hiervon müssen alle Partner gleichermaßen profitieren. Da keine abschließende Prognose über das Projektergebnis möglich ist, steht die Ausschüttungen unter dem Vorbehalt der Rückzahlung (ggf. mit entsprechender Besicherung), falls die Entwicklung der Gesamtkosten die Beteiligung aller Partner erforderlich macht.

Für die Überwachung der Ausgabenentwicklung und zur Zielkosteneinhaltung installiert die Allianz ein entsprechendes Controlling, welches ebenso wie die Planungs- und Ausführungsaufgaben durch ein integral besetztes Team der Allianz durchgeführt wird. In monatlicher Reflektion werden die Soll-Kosten (Zielkostenvereinbarung inklusive bewerteter Risiken) den Ist-Kosten (Ausgaben, Prognosen, Risikoentwicklung) gegenübergestellt. Aus der Veränderung im positiven oder negativen Sinne wird direkt für jeden IPA-Partner die Gewinn- oder Verlustbeteiligung bei Unter- oder Überschreitung der Zielkosten ausgewiesen. Diese transparente Datenlage ermöglicht es dem Team (und zwar jedem im Team), die Zielkosteneinhaltung kontinuierlich im Fokus zu behalten, entsprechende Maßnahmen zu entwickeln und zu ergreifen und Entscheidungen im Bewusstsein des aktuellen Kostenstandes zu treffen.

**„ Ehrlichkeit, Offenheit, Selbstbeherrschung, Respekt und Vertrauen sind Werte, welche in unserem Unternehmen als Fundament dienen. Alle diese Werte finden sich im Vertragsmodel IPA wieder und genau deshalb fühlen wir uns sehr wohl dabei.
Wir sind stolz darauf, Wegbegleiter in diese "neue Welt" sein zu dürfen. “**

Roland Berger, Prokurist, Geschäftsbereichsleitung Lindner SE Gebäudetechnik und SMT im IPA-Projekt „Allianz 3 Schulen Bremerhaven“

2. Rolle des Wirtschaftsprüfers

Um eine ordnungsgemäße Abrechnung der tatsächlichen Kosten sicherzustellen, ist vertraglich zu regeln, dass die Stundenverrechnungssätze, die Eigen- und Fremdleistungen sowie die Zuschläge durch einen unabhängigen und vereidigten Wirtschaftsprüfer in den jeweiligen Unternehmen der IPA-Partner zu prüfen und zu testieren sind. Hierzu zählt neben deren Höhe auch, ob die Kosten seitens der Auftragnehmer tatsächlich aufgewendet wurden. Der Wirtschaftsprüfer muss daher insbesondere in der Bauphase aber auch zB im Hinblick auf Nachunternehmerkosten in der Planungsphase verifizieren, dass diese von den Auftragnehmern in der geltend gemachten Höhe auch tatsächlich bezahlt wurden.

Vertraglich ist zu regeln, was der Wirtschaftsprüfer im Einzelnen prüft und welche Informationen der Geheimhaltung unterliegen. So dürfen beispielsweise weder Geschäftsgeheimnisse noch vertrauliche und den Datenschutzanforderungen unterliegende Daten nach außen gelangen. Testiert wird daher lediglich, ob die Abrechnung in dem zu prüfenden Umfang korrekt war oder nicht. Liegt der letztgenannte Fall vor, erörtert der Wirtschaftsprüfer zunächst mit dem betroffenen IPA-Partner dessen Abrechnung. Kann der Fehler nicht geklärt werden, legt der Wirtschaftsprüfer, ohne schutzwürdige Informationen preiszugeben, die Abrechnungsdifferenzen dem PMT dar und erörtert diese, so dass das PMT darüber entscheiden kann. Kommt eine einstimmige Entscheidung im PMT nicht zustande, weil beispielsweise der Auftraggeber der geforderten Zahlung nicht zustimmt, ist es letztendlich Sache des Auftraggebers, die Rechnung entsprechend zu kürzen. Dem Auftragnehmer stehen dagegen neben der Anrufung des Schlichters die üblichen gesetzlichen Möglichkeiten zur Verfügung. Es steht ihm ebenso wie im Rahmen eines gewöhnlichen Abrechnungsprozesses frei, den Nachweis darüber zu erbringen, dass die Kosten gleichwohl berechtigt sind.

Mit dem Wirtschaftsprüfer selbst ist somit eine ausdrückliche Geheimhaltungsvereinbarung zu treffen, die alle IPA-Partner einsehen dürfen. Weiterhin ist zu regeln, welche Informationen die IPA-Partner zur Rechnungsprüfung beizubringen haben. Im Allgemeinen wird eine Einsicht in die relevanten betrieblichen Unterlagen in den Geschäftsräumen des jeweiligen Vertragspartners stattfinden.

Der Wirtschaftsprüfer prüft hierbei die einzelnen Kostenansätze zB hinsichtlich der Stundenverrechnungssätze oder der Ansätze innerhalb der Allgemeinen Geschäftskosten. Da der Prozentsatz der Allgemeinen Geschäftskosten im Vergabeverfahren dem Wettbewerb unterlag, muss im Zuge der Abrechnung verhindert werden, dass Kosten, die den Allgemeinen Geschäftskosten zuzuordnen sind, als baustellenbezogene Kosten und damit als Erstattbare Kosten nochmals abgerechnet werden.[48] Auch gibt es Kostenarten, die in manchen Unternehmen in die Stundensätze eingerechnet werden und in anderen Unternehmen nicht (zB Reisekosten), was zu nicht vergleichbaren Angeboten führen kann. Es empfiehlt sich ferner, dem Wirtschaftsprüfer einen Spielraum einzuräumen, damit dieser entscheiden kann, ob die ihm vorliegenden Nachweise für ein Testat ausreichend sind oder ob er noch weiterer Informationen bedarf.

Die Überprüfung, ob abgerechnete Kosten auch tatsächlich so angefallen und entstanden sind wie abgerechnet, erfolgt ebenfalls in den Unternehmen selbst durch Überprüfung der einzelnen Buchungen im Buchhaltungssystem, sofern keine andere Nachweismöglichkeit vereinbart wurde.[49] Eine Kontrolle der tatsächlich entstandenen Kosten ist sowohl in der Planungsphase, dort zB im Hinblick auf Nachunternehmervergütungen, als auch in der Bauphase erforderlich.

Sofern im Rahmen einer Prüfung festgestellt wird, dass die abgerechneten Kosten nicht den tatsächlich entstandenen und damit Erstattbaren Kosten entsprechen, erfolgt eine Rechnungskorrektur. Der Auftraggeber bedient sich im Hinblick auf seine sonst ebenfalls bestehenden Prüf- und Korrekturrechte lediglich eines Wirtschaftsprüfers, wobei auf Basis des Prüfergebnisses eine Kürzung der Rechnung vorgenommen werden kann.

48 Die jeweils zutreffende Zuordnung der einzelnen Kostenelemente ist daher bereits im Auswahlverfahren der einzelnen Partner von entscheidender Bedeutung, um zu vergleichbaren Angeboten zu kommen. Es empfiehlt sich daher über eine klare Kalkulationsvorgabe eine Zuordnung der einzelnen Kostenarten zu Allgemeinen Geschäftskosten oder Erstattbaren Kosten vorzunehmen.

49 Der Nachweis kann zB durch die Vorlage von Rechnungen und Zahlungsnachweisen erfolgen.

Der Wirtschaftsprüfer geht dabei wie folgt vor:

Schritt 1
Er überprüft und bestätigt die angebotenen Stundensätze und Zuschlagsätze.

Schritt 2
Er unterzieht die in der Zielkostenunterlage angesetzten prognostischen Kalkulationsansätze einer entsprechenden Überprüfung.

Schritt 3
Er gleicht die abgerechneten Kosten mit den tatsächlich entstandenen Aufwänden ab. Dauert das Projekt länger, so erfolgt dieser dritte Schritt jährlich.

Schritt 4
Mit Projektabschluss erfolgt eine Schlussprüfung, auf Basis derer auch die finalen Leistungsanteile und die entsprechende Verteilung der Beteiligungsbeiträge erfolgt.

Über alle vollzogenen Prüfungshandlungen erstellt der Wirtschaftsprüfer entsprechende Berichte. Mithilfe dieser Berichte kann der Auftraggeber die korrekte Mittelverwendung belegen. Aus den beschriebenen Aufgaben ergibt sich das Erfordernis, dass der ausgewählte Wirtschaftsprüfer über Kenntnisse bezüglich der Kostenentstehung, Kalkulation und Bilanzierung in Bau- ebenso wie Planungsunternehmen verfügen muss.

3. Rolle des Baupreissachverständigen

Die Position des Baupreissachverständigen unterscheidet sich von derjenigen des Wirtschaftsprüfers darin, dass dieser zum einen ein baufachliches Wissen besitzt und zum anderen auch in der Vorbereitung der Zielkostenermittlung seine Kenntnisse der Marktsituation einbringen kann. Bedauerlicherweise gibt es anders als in angloamerikanischen Ländern noch nahezu keine qualifizierten Prüfer, die sowohl Baupreiskalkulation als auch Buchprüfung beherrschen. Es ist daher davon auszugehen, dass sich in den nächsten Jahren aufgrund des Erfordernisses einer derartigen kombinierten Qualifikation spezielle Angebote am Markt entwickeln werden. Derzeit muss jedoch die Position des Prüfers je nach Zuschnitt des Projektes bei Bedarf mit mehreren Qualifikationen besetzt werden.

Der Baupreissachverständige überprüft in der Phase der Zielkostenfestlegung die Kostenansätze und deren Zuordnung zu Baustellengemeinkosten, Einzelkosten der Teilleistungen oder Allgemeinen Geschäftskosten. Er verifiziert auch die Einschätzung der Risiken und deren prognostizierte Kosten durch die IPA-Partner und unterstützt dabei den Auftraggeber bei der Festlegung realistischer Zielkosten. In der Bauphase ist es seine Aufgabe, die tatsächlich entstandenen Kosten daraufhin zu prüfen, ob sie systematisch mit den prognostizierten Kosten übereinstimmen, plausibel sind und insgesamt einer wirtschaftlichen Betriebsführung entsprechen. Er kann Hinweise darauf geben, ob offensichtlich eine unwirtschaftliche Betriebsführung vorliegt, sodass die als solche eingestuften Anteile der Aufwände nicht abrechenbar wären.

4. Abrechnung der Nachunternehmerkosten

In Phase 1 (Planungsphase) werden üblicherweise auf die Nachunternehmerkosten keine Zuschläge vergütet, sondern lediglich die tatsächlich entstandenen und nachgewiesenen Fremdkosten durchgereicht. Die Nachunternehmer können auf Stundensatzbasis oder aber auf Basis einer Pauschalvergütung oder auch einer Abrechnung nach HOAI beauftragt und abgerechnet werden. Es empfiehlt sich jedoch eine Vergütung nach

Stundenaufwand, um die Einbindung in die IPA-Planungsprozesse möglichst reibungslos organisieren zu können. Die wirtschaftliche Ausgestaltung der Nachunternehmer-Verträge obliegt dem PMT gemeinschaftlich. Ein gesonderter Nachunternehmerzuschlag wird durch den IPA-Partner üblicherweise hingegen nicht abgerechnet. Diese Vorgehensweise ist darin begründet, dass der Aufwand, der den IPA-Partnern für Vergabe, Vertragsschluss, Betreuung und Koordinierung sowie Abrechnung, Abnahme und Dokumentation entsteht, nach Aufwand zu den vereinbarten Stundensätzen oder Ist-Kosten (je nach vertraglicher Vereinbarung) vergütet wird.

Da jedoch trotzdem der IPA-Partner für seinen Nachunternehmer verantwortlich ist, kann ein sehr geringer Nachunternehmerzuschlag für dieses Wagnis vereinbart werden. Ob ein Zuschlag in Form eines Gewinns auch in dem Nachunternehmerzuschlag verankert sein soll, hat wiederum eine Steuerungsfunktion: Es ist eine möglichst hohe Eigenleistungsquote gewünscht, die dadurch positiv beeinflusst wird, wenn auf Fremdleistungen keine Gewinne verbucht werden können. Allerdings muss bedacht werden, dass in der Planungsphase ein Generalplaner auf Untervergaben angewiesen ist und für diesen ohne Gewinnzuschlag möglicherweise eine Beteiligung an Attraktivität verliert. Die Vergütung des entstandenen Aufwands entspricht auf der anderen Seite aber dem angestrebten Ansatz der Erstattung direkter Kosten. Deckungsbeiträge (inkl. Gewinn) werden über die Stundensätze in ausreichendem Maß erwirtschaftet.

In Phase 2 (Fortsetzung der Planung und Bauphase) werden hingegen die Nachunternehmerkosten zuzüglich der vereinbarten Zuschläge für den eigenen Deckungsbeitrag oder eines reduzierten Deckungsbeitrags auf Fremdleistungen abgerechnet.

Dies bedeutet:

Hinsichtlich der Nachunternehmerkosten werden wie auch bereits in der Phase 1 die tatsächlichen Ist-Kosten erstattet. Der IPA-Partner meldet die vom Nachunternehmer ihm gegenüber in Rechnung gestellten Kosten als Ist-Aufwand. Die mit den IPA-Partnern vereinbarten Stundensätze gelten nur für die Mitarbeiter der IPA-Partner selbst, nicht für die Nachunternehmer.

Das PMO Kosten prüft die von den jeweiligen IPA-Partner gemeldeten Kosten und erfasst die Daten in der GRT (4-Wochen-Zeitraum). Der IPA-Partner weist bis zum nächsten Rechnungslauf die Zahlung an den Nachunternehmer nach.

Sollten Vergütungen mit Nachunternehmern noch unklar sein, hindert dies eine Abrechnung durch den IPA-Partner nicht. Strittige Kosten sind durch das PMT in der Kostenverfolgung gesondert zu erfassen sowie bei der Berechnung des Beteiligungs-Pools (BP) als potentiell noch anfallende Erstattbare Kosten einzustellen und damit bis zur Klärung nicht auszubezahlen.

III. Entscheidungsmechanismen in der Allianz

Der Projekterfolg wird bei der Integrierten Projektabwicklung – vermutlich mehr als bei anderen Abwicklungsmodellen – maßgeblich von der Zusammenarbeit der unterschiedlichen Vertragspartner bestimmt. Von Anfang an müssen Planer und Bauunternehmen mit dem Auftraggeber kollaborativ und partnerschaftlich zusammenarbeiten, um gemeinsam die besten Lösungen für das Projekt zu finden. Die Arbeit in integralen Teams stellt die Beteiligten zu Beginn regelmäßig vor große Herausforderungen. Neben den kulturellen Aspekten, die die Zusammenarbeit fördern und die Beteiligten aus ihren gedanklichen Silos lösen sollen, sind eine durchdachte Aufbau- und Ablauforganisation wesentliche Erfolgsfaktoren in einer IPA und Grundlage für eine ziel- und lösungsorientierte Zusammenarbeit zwischen den Vertragspartnern. Ein bedeutendes Charakteristikum dieser Organisationsstruktur ist das gemeinsame Lösen von Konflikten in den dafür vorgesehenen Gremien der Allianz. Diese sollen jederzeit danach entscheiden, was das Beste für das definierte Projektziel ist.

Dazu verfolgt die Organisation drei elementare Prinzipien, die in starker Wechselwirkung zueinander stehen:

- **Prinzip der Einstimmigkeit:** Entscheidungen werden konsensual auf der jeweiligen Organisationsebene im Sinne des Projekts getroffen. Dies führt dazu, dass der Lösungsweg so lange diskutiert wird, bis Einigkeit besteht. Damit kann sichergestellt werden, dass alle Interessen bei der Entscheidungsfindung berücksichtigt werden, das gesamte Team die Entscheidung vertritt und dafür auch Verantwortung übernimmt. Ein gemeinsames zielorientiertes Arbeiten wird ermöglicht.

- **Flache Hierarchien:** Die Entscheidung ist in der Organisationsebene zu treffen, die für die konkrete Aufgabe verantwortlich ist. Erst, wenn keine Entscheidung durch diese Ebene herbeigeführt werden kann, wird der Konflikt auf die nächsthöhere Ebene eskaliert.

- **„best person for the job":** Die Person, die auf der jeweiligen Ebene die höchste Kompetenz besitzt, bearbeitet die Einzelaufgabe.

Aus diesen drei Prinzipien ergibt sich die integrierte Aufbauorganisation eines Projektteams. Sie besteht aus mehreren Projekt Implementierungs-Teams (PITs), dem Projekt Management Team (PMT) und dem Senior Management Team (SMT). Zusätzlich können verschiedene Projekt Management Offices (PMOs), der IPA-Coach und der PMT-Manager unterstützend zur Seite stehen. Grundsätzlich werden die Teams aufgabenspezifisch, kompetenzorientiert und unternehmensübergreifend zusammengestellt.

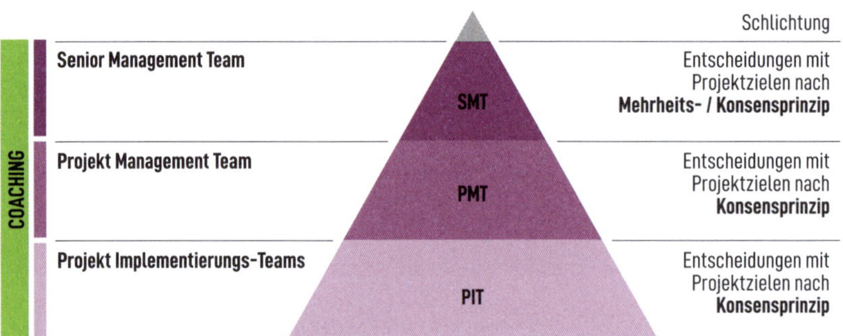

Aufbauorganisation in einer IPA

► Projekt Management Team (PMT)

Das Projekt Management Team, kurz PMT, stellt die Hauptsteuerungsinstanz eines IPA-Projekts dar, denn es trifft die relevanten Entscheidungen im Projekt. Für dieses Team stellt jedes Partnerunternehmen einen entscheidungsbefugten Vertreter. Auch der Bauherr ist vertreten.

Entscheidungen im PMT: Jede dieser Personen hat bei Entscheidungsprozessen eine Stimme mit dem gleichen Gewicht, wobei Entscheidungen nach dem Prinzip der Einstimmigkeit getroffen werden. Auch der Nutzer sollte, ggf. auch ohne eigenes Stimmrecht, in den Entscheidungsprozess des PMT integriert werden, um nachträgliche Änderungen zu vermeiden. Ist es dem PMT nicht möglich, eine Lösung für einen Konflikt zu finden, wird dieser in das SMT als nächsthöhere Entscheidungsebene eskaliert.

Damit zeitkritische Entscheidungen nicht vertagt werden müssen, ist eine Anwesenheit der PMT-Mitglieder in allen Sitzungen erforderlich. Um dies zu ermöglichen, benennt jeder Vertragspartner auch ein stellvertretendes PMT-Mitglied.

Das PMT ist verantwortlich für die Erreichung der Projektziele. Kernaufgabe ist die operative Steuerung des Projekts, wobei das PMT mit Vorbildfunktion die kooperativen und partnerschaftlichen Werte der Allianz-Kultur vorlebt. Damit einhergehend teilt das PMT auch transparent die Projektinformationen. Im Zuge der operativen Steuerung des Projekts übernimmt das PMT die Projektstrukturierung, das Aufstellen eines Projektausführungsplans sowie die Freigabe von Projektunterlagen oder Zahlungen. In Bezug auf Kosten, Termine, Risiken und Qualitäten ist das PMT auch für das Projektcontrolling zuständig. Das PMT stellt Kostenabweichungen, etwaige Mängel oder Zeitverzögerungen fest und verabschiedet entsprechende Gegensteuermaßnahmen. Auch die Abnahmereife wird vom PMT festgestellt → Abnahme, S. 234. Das PMT legt dem SMT regelmäßig einen Statusbericht vor.[50]

50 Boldt/Rodde Mustervertragsbedingungen S. 155 ff.

Projekt Implementierungs-Teams (PITs)

Die Projekt Implementierungs-Teams (PITs) leisten einen entscheidenden Beitrag zur Wertschöpfung des IPA-Projekts. Andere gebräuchliche Bezeichnungen für die PITs sind Projektrealisierungsteams (PRTs)[51] oder Projektausführungsteams (PATs).[52]

Um möglichst effizient, das heißt ohne Verschwendung, arbeiten zu können, stellen PMT und SMT die entsprechenden Rahmenbedingungen bereit. Das PMT legt die Struktur und Zusammensetzung der multidisziplinären PITs fest. Dabei achtet das PMT darauf, dass die einzelnen PITs so wenig Schnittstellen nach „außen" wie möglich haben, damit sie in eigener Verantwortung arbeiten können. Sie sollen sich eigenständig und agil organisieren und dabei die eigens aufgestellten Regeln der Zusammenarbeit befolgen. Je nach Projekt bietet es sich an, die PITs bauteil- oder gewerkebezogen aufzuteilen. Vorteil der bauteilbezogenen Aufteilung ist die Abbildung der gesamten Wertschöpfungskette eines Bauteils in einem Team.

In jedem PIT sollten maximal zehn Personen beteiligt sein, von denen mindestens ein Vertreter eines Planers, einer Baufirma und des Auftraggebers bzw. Nutzers ist. Auf diese Weise können alle Interessen und Blickwinkel Berücksichtigung finden. Die PITs erarbeiten auf operativer Ebene die Planungs- und Ausführungsleistungen unter Einhaltung der Projektziele. In diesem Zuge stellen sie auch Optimierungspotenziale vor, sprechen Empfehlungen aus und erstellen Entscheidungsvorlagen.

Entscheidungen im PIT: Entscheidungen werden ebenfalls konsensual nach dem Prinzip der Einstimmigkeit getroffen. Die nicht in den jeweiligen PITs lösbaren Konflikte werden dem PMT zur Entscheidung vorgelegt. Für diese versucht das PMT anschließend eine einstimmige Entscheidung zu treffen.

51 Sundermeier et. al. Kurzbericht, in Anwendung beim Projekt Neues Werk Cottbus.
52 Boldt/Rodde Mustervertragsbedingungen S. 105.

► Senior Management Team (SMT)

Das Senior Management Team, kurz SMT, kann als übergeordnetes Gremium verstanden werden. Im SMT sind je Partnerunternehmen ein Vertreter der Geschäftsführungs- oder obersten Managementebene vertreten, die jeweils über Entscheidungsbefugnisse für ihr eigenes Unternehmen verfügen müssen.

Während des Projekts können Interessenskonflikte entstehen, da die SMT-Mitglieder sowohl den Projekt- als auch ihren eigenen Unternehmenserfolg verantworten. In der Allianz sind grundsätzlich die Projektziele und -interessen bevorzugt zu berücksichtigen.

Entscheidungen im SMT: Entscheidungen werden im Sinne des Einstimmig- oder Mehrheitsprinzips getroffen. Je nach Projekt ist üblicherweise eine Mehrheit von 75% notwendig, andernfalls gilt die Entscheidung als abgelehnt. Entstehen darüber hinaus oder durch Entscheidungen im SMT Konflikte, die für eine Partei untragbar sind, kann diese sich an den externen Streitlöser (Mediator, Schlichter oder Adjudikator) wenden. Diesen bestimmt das SMT zu Beginn des Projekts. Die Entscheidung über den Streitlöser erfordert Einstimmigkeit des SMT. Einstimmigkeit ist auch bei Entscheidungen zu Erweiterungen der Allianz um einen Partner oder bei dem Ersatz eines gekündigten Partners erforderlich.

In den Tätigkeitsbereich des SMT fallen alle strategischen Entscheidungen, zB über den Beitritt weiterer IPA-Partner oder Gegensteuermaßnahmen bei gravierenden Abweichungen im Hinblick auf Kosten-, Termin- oder Qualitätsziele. Bei Entscheidungen zu Zielkosten- oder Vertragsterminänderungen und bei der Kündigung eines IPA-Partners wird die Zustimmung des Auftraggebers benötigt. Das SMT hat für die eigenen Kollegen und grundsätzlich auch für das gesamte Team die Rahmenbedingungen zu schaffen und diesen das notwendige Vertrauen entgegenzubringen, damit sie eigenständig in ihrer Rolle arbeiten können. In ihrer Tätigkeit leben sie die Allianz-Kultur als Vorbild vor.

► Projekt Management Offices (PMOs)

Projekt Management Offices, kurz PMOs, unterstützen das PMT. Von diesem erhalten sie auch die Arbeitsaufträge. In Form von Stabstellen sind sie für die Entwicklung und Optimierung von Projektprozessen zuständig. Sie übernehmen Aufgaben in unterschiedlichen Projektbereichen, wie beispielsweise Kosten, Risiken, BIM, Dokumentation und Inbetriebnahme. Dabei werden sie vom PMT und vom IPA-Manager organisatorisch geführt. Sie können in beliebiger Anzahl eingesetzt werden.

► IPA-Coach

Das Prinzip der Projektallianzen ist in Deutschland noch neu und der Erfahrungsschatz am Markt daher gering. Aus diesem Grund ist es ratsam, der Allianz einen IPA-Coach zur Seite zu stellen. Er unterstützt das gesamten Allianzteam auf allen Ebenen und in allen Phasen. Dabei nimmt er eine neutrale Position ein und besitzt kein Stimmrecht. Im Fokus seiner Tätigkeit stehen kulturspezifische Elemente. Sein Ziel ist es, die IPA-Partner bestmöglich zu einem Team zusammenwachsen zu lassen.

Der IPA-Coach begleitet das SMT, PMT, PMOs und die PITs beim Change-Prozess und Teambuilding. Er unterstützt dabei, alte Rollenstrukturen aufzubrechen, und schafft Raum für die neue Projektkultur. Verfallen Teammitglieder in alte Verhaltensmuster, hilft der IPA-Coach den Beteiligten dabei, sich auf die neue Kultur einzulassen. Damit können die gecoachten Teammitglieder wiederum für andere eine Vorbildfunktion einnehmen.

Mit der Kombination aus Fähigkeiten wie Empathie, Zuhören, Hinterfragen, Kommunikation, Konfliktlösung sowie Methoden des Lean und Change Managements und technischem Verständnis kann der IPA-Coach auf allen Ebenen das Team im Veränderungsprozess unterstützen. Welche dieser Fähigkeiten als wesentlicher als andere einzuordnen ist, hängt vom Team und den Rahmenbedingungen des Projektes ab.

Lean Management Methoden ergänzen das IPA-Modell optimal. Insbesondere können sie die integrierte Zusammenarbeit der einzelnen Teams verbessern. Ist der IPA-Coach beispielsweise auch Lean-Coach, kann er das Team zugleich beim Erlernen und Umsetzen der Lean Methoden unterstützen. Dies gilt zB auch für die Prozessentwicklung unter Berücksichtigung der Allianz-Prinzipien. In verschiedenen Workshops vermittelt der IPA-Coach dem Team Fähigkeiten und Werkzeuge, die Innovation und eine Kultur des kontinuierlichen Lernens und Verbesserns fördern. Abhängig von der Projektgröße kann es sinnvoll sein, ein Coaching-Team einzusetzen, das die Bausteine IPA, Lean, BIM und Kulturentwicklung abdeckt.

► IPA-Manager

Zur organisatorischen Unterstützung kann das PMT einen IPA-Manager aus dem eigenen Team oder von außerhalb bestimmen. Der gewählte IPA-Manager nimmt eine neutrale, objektive und vermittelnde Rolle ein. Von ihm wird verlangt, dass er im Sinne des Projekts handelt und keine Partikularinteressen verfolgt. Im Projektverlauf fungiert er als Bindeglied zwischen PMT und SMT, bereitet PMT-Sitzungen vor, moderiert und dokumentiert diese und unterstützt die Arbeit der PITs. Obwohl er die Aufgabenstrukturierung und -priorisierung des PMTs sowie dessen Entscheidungen mitverantwortet, besitzt er keine Entscheidungsmacht.

► Externe Streitbeilegung

Konflikte sind zunächst in den jeweiligen Gremien innerhalb der Allianz zu lösen. Wenn auf PMT-Ebene und anschließend auch auf SMT-Ebene keine Einigkeit erzielt werden kann, soll ein außergerichtliches Streitbeilegungsverfahren Abhilfe schaffen. Hier stehen grundsätzlich die Verfahren Mediation, Schlichtung und Adjudikation zur Auswahl, wobei die Adjudikation aufgrund von aktuell rechtlichen Unsicherheiten nicht zu empfehlen ist[53]. Welches Verfahren zum Einsatz kommt, wird zu Beginn des Projekts im Vertrag festgehalten. Für das gewählte Verfahren bestimmt das SMT zu Beginn des Projekts den externen und neutralen Streitlöser, der in der Vorbereitung auf das Verfahren vom IPA-Coach Unterstützung erhalten kann. Die Besonderheit des Schlichters ist, dass er auch Lösungsvorschläge vorlegen kann, die jedoch von den Projektbeteiligten nicht akzeptiert werden müssen.[54]

An ein nicht erfolgreiches Streitbeilegungsverfahren können sich gerichtliche Verfahren oder, sofern vereinbart, ein Schiedsverfahren anschließen.

53 Jurgeleit BauR 2021, 863.
54 Boldt/Rodde Mustervertragsbedingungen S. 162 f.

IV. Haftung für Pflichtverletzung

Die Mechanismen eines IPA-Vertrages im Hinblick auf den Umgang mit Pflichtverletzungen eines IPA-Partners unterscheiden sich wesentlich von denjenigen herkömmlicher Vertragsmodelle. Unter Pflichtverletzung ist dabei jede mangelhafte, verzögerte oder aus anderen Gründen unzureichende Leistung zu verstehen. Oberstes Ziel ist es Regelungen zu schaffen, die dafür sorgen, dass die Auftragnehmer ein hohes eigenes Interesse daran haben, dass es bei keinem der IPA-Partner zu einer Pflichtverletzung mit nachteiligen Folgen für das Projekt kommt. Dies gelingt dadurch, dass die Pflichtverletzung eines Auftragnehmers sich negativ auf die Vergütung aller Auftragnehmer auswirkt und etwaige monetäre Nachteile hieraus somit „vergemeinschaftet" werden.

Da sich die Auftragnehmer jeweils mit einem eigenen Anteil ihrer Vergütung an dem Risiko eines Projektmisserfolges aber auch eines Projekterfolges beteiligen, liegt es nahe, auch Pflichtverletzungen als Misserfolg über diesen Vergütungsmechanismus zu regeln. Werden daher durch mangelhafte Leistungen oder Verzögerungen Mehrkosten ausgelöst, werden diese Mehrkosten zunächst durch den Auftraggeber bezahlt. Hierdurch steigen insgesamt die Erstattbaren Kosten, sodass sich der Projektgewinn aller Partner entsprechend reduziert. Alle IPA-Partner haben daher ein hohes Eigeninteresse daran, dass es bei keinem anderen zu einer Projektstörung kommt.

Diese Herangehensweise hat einen weiteren positiven Effekt dahingehend, dass Schuldzuweisungen, die oftmals herkömmliche Projekte blockieren, nicht zielführend sind. Zielführend ist es ausschließlich, die Störung so schnell wie möglich und so effizient wie möglich zu beseitigen. Dieses Grundprinzip findet im Rahmen der vertraglichen Regelungen unterschiedliche Ausprägungen.

1. Mängelhaftung

Hinsichtlich der vertraglichen Regelungen zu einer Haftung für mangelhafte Leistungen sind Planungsmängel und Ausführungsmängel voneinander zu unterscheiden.[55]

► **Planungsmängel**

Planungsmängel an sich sind im Allgemeinen unproblematisch, solange sie rechtzeitig entdeckt werden und sich noch nicht im Bauwerk manifestiert haben. Kann folglich ein Planungsmangel in der Planung durch eine Korrektur der Planunterlagen korrigiert werden, ist der Schaden zumeist äußerst gering. Da zudem Planungsmängel sich häufig nur schwer von reinen Variantenuntersuchungen und einer weiteren Detaillierung der Planung unterscheiden lassen, verzichtet man darauf, die Planungsleistungen für eine Mangelbeseitigung an der Planung nicht zu vergüten. Vielmehr werden sämtliche Aufwendungen, die die Auftragnehmer im Zuge der Planung haben, ohne Rücksicht darauf erstattet, ob es sich möglicherweise um eine Leistung zur Mangelbeseitigung handelt.

► **Bauausführungsmängel**

Bei Ausführungsmängeln verhält es sich etwas anders. Reine Ausführungsfehler sind überwiegend einer Partei klar zuzuordnen. Daher wird häufig die Frage gestellt, warum ein anderer Partner hierfür „haften" solle. Viele Auftragnehmer vertreten sogar für sich die Auffassung, dass sie Fehler, die ihnen selbst passieren, auch selbst verantworten und daher beseitigen möchten. Manche Verträge sehen daher vor, dass Ausführungsfehler, die eindeutig nur einem Auftragnehmer zugeordnet werden können und/oder ein größeres Ausmaß annehmen, von diesem Auftragnehmer auch auf eigene Kosten zu beseitigen sind.[56] Nachteilig hieran ist jedoch, dass eine derartige Regelung die bereits bekannten streitigen Auseinandersetzungen im Hinblick auf die Schuldfrage und die zutreffende Verteilung der entstandenen Schäden auslöst. Die Partner beschäftigen sich daher mehr mit der Ursachenforschung als mit der Lösung des Problems.

55 Fuchs NZBau 2023, 714.

56 Dies kann beispielsweise sinnvoll sein, wenn in einem Projekt ein erhebliches Ungleichgewicht im Hinblick auf die Auftragsvolumina der einzelnen Auftragnehmer besteht und gravierende Mängel eines Auftragnehmers mit hohem Leistungsanteil zu einem vollständigen Ausfall des Projektgewinns eines kleineren Partners führen würde.

Auch das vielfach gegen eine Vergemeinschaftung der Mängelhaftung von Seiten der Auftraggeberschaft ins Feld geführte Argument, man könne nicht einerseits die Leistung und andererseits zusätzlich noch die Mangelbeseitigung vergüten, greift zu kurz. Jedes Unternehmen kalkuliert üblicherweise in herkömmlichen Vertragsmodellen einen prozentualen Zuschlag für etwaige mangelhafte Leistungen und Gewährleistungsrisiken in seine Preise ein. Daher bezahlen Auftraggeber immer auch einen gewissen Anteil für eine Mangelbeseitigung, weil keine Baumaßnahme vollkommen mangelfrei erstellt wird. Außerdem erstattet zwar der Auftraggeber die Kosten der Mangelbeseitigung, diese führen jedoch zu einer Erhöhung der Gesamtkosten, die bei einer Überschreitung der Zielkosten durch alle Auftragnehmer in Form einer Beteiligung an den Kostenüberschreitungen getragen werden.

► **Mehrere Verursacher eines Mangels**

Ein weiterer Vorteil der Erstattung von Mangelbeseitigungskosten liegt darin, dass im Falle der Beteiligung mehrerer Auftragnehmer an der Entstehung eines Mangels keine quotale Haftungsverantwortung festgestellt werden muss. Liegt zB ein Planungsfehler vor, der auch zu einem Ausführungsfehler geführt hat, weil das Bauunternehmen den Planungsmangel nicht bemerkt hat, liegt grundsätzlich eine gesamtschuldnerische Haftung des Planers und des Bauunternehmens vor. Durch die Kostenerstattung reduziert sich für alle Auftragnehmer deren potentieller Gewinn, sodass es auf eine Feststellung der Haftungsquote nicht mehr ankommt. Mängel, die auf eine multikausale Ursache zurückzuführen sind, werden daher von allen gemeinschaftlich getragen. Dies gilt insbesondere auch für Mehraufwendungen oder Schäden infolge eines Mangels, wie zB Gutachterkosten oder erneute Genehmigungsgebühren.

► **Projektversicherung**

Im Allgemeinen wird für IPA-Projekte eine Projektversicherung abgeschlossen, die Planungsfehler abdeckt und die an der Planung Beteiligten Bauunternehmen im Wege einer erweiterten Haftpflichtdeckung in die Police miteinschließt. Kommt es zu einem Planungsmangel, den keiner der Auftragnehmer vor Ausführung entdeckt hat, trägt die Projektversicherung die Mehraufwendungen, die aus einer Mangelbeseitigung der Bauausführung resultieren. Da es sich um eine Projektversicherung unter Einschluss aller IPA-Partner handelt, kommt es nicht darauf an, welcher Auftragnehmer welchen Verursachungsbeitrag an diesem Mangel hatte. Das Kostenerstattungsprinzip wird daher durch eine auf das IPA-Modell zugeschnittene Projektversicherung ergänzt.

► **Haftungsbeschränkung**
Entstehen durch unzureichende Leistungen eines IPA-Partners oder auch eines Nachunternehmers Mehraufwendungen, die als Schaden nicht von einer Versicherung getragen werden, könnten sich die IPA-Partner immer dann wechselseitig für die ihnen persönlich entstehenden Nachteile in Form eines Schadensersatzanspruches in Anspruch nehmen, wenn den Verursacher ein Verschulden trifft. So könnte beispielsweise ein Auftragnehmer dem anderen Auftragnehmer, der durch einen Mangel höhere Erstattbare Kosten verursacht hat, vorwerfen, er habe schuldhaft hierdurch den Gewinn aller reduziert und entsprechend Schadensersatz verlangen. Um dies auszuschließen, wird zumeist eine gegenseitige Haftungsbeschränkung dahingehend formuliert, dass die Auftragnehmer untereinander nur für Vorsatz und grobe Fahrlässigkeit haften.

Ob eine derartige Haftungsbegrenzung auch für Ansprüche des Auftraggebers gegen die Auftragnehmer gilt, muss abgewogen werden. Dem Auftraggeber können verzugsbedingte Schäden entstehen, für welche eine Haftungsbeschränkung nicht angemessen sein kann. Zwingend ist jedoch zu regeln, dass eine Erhöhung der Erstattbaren Kosten seitens des Auftraggebers nicht als Schaden geltend gemacht werden kann.

► **Gewährleistungsphase**
Es ist denkbar, die vorgenannten Haftungsregelungen auch auf die Gewährleistungsphase auszudehnen. Dies setzt voraus, dass in der Gewährleistungsphase ein gemeinsamer Pool für sämtliche Gewährleistungsmängel etabliert wird. Derjenige Auftragnehmer, dessen Gewerk von dem Mangel betroffen ist, beseitigt zunächst den Mangel und rechnet seine Leistungen über den Gewährleistungs-Pool ab. Der Nachteil hieran ist, dass ein Projekt erst mit Ablauf der Gewährleistungszeit vollständig abgeschlossen werden kann, was zu höheren Aufwendungen im Hinblick auf

die unternehmensinterne Dokumentation, Buchhaltung und Bilanzierung führt. Üblicherweise verbleibt es daher in der Gewährleistungsphase bei einer konventionellen Haftung jedes Einzelnen, sodass die Unternehmen bei Angebotsabgabe Rückstellungen für etwaige Gewährleistungsmängel bilden müssen.

2. Haftung bei Verzögerungen

Im Zuge der Planungsphase wird der durch den Auftraggeber in seinen Eckpunkten vorgegebene Terminplan konkretisiert und detailliert → Last Planner® System, S. 193. Auf Basis eines Feinterminplans entwickeln die Partner sodann die Zielkosten. Sie legen der Kostenprognose daher üblicherweise einen ungestörten Bauablauf zugrunde, wobei absprachegemäß Pufferzeiten oder auch Budgets für Risiken aus baubetrieblichen Einflüssen gebildet werden können. Kommt es zu Verzögerungen und können diese nicht ausreichend abgefangen werden, entstehen hierdurch Mehrkosten, die entsprechend des Vergütungsmodells zur Reduzierung des jeweiligen Gewinns führen. Solange der Grund der Verzögerung durch lediglich fahrlässiges Handeln verursacht wurde, haben die Auftragnehmer untereinander keinen Regressanspruch → Haftungsbeschränkung, S. 123. Etwas anderes gilt selbstverständlich dann, wenn grob fahrlässiges oder sogar vorsätzliches Handeln vorliegt.

Auf Seiten des Auftraggebers können diesem bei nicht rechtzeitiger Fertigstellung Schäden entstehen, die durch einen oder mehrere Auftragnehmer verursacht wurden. Im Rahmen eines Hochbauprojektes sind zB entgangene Mieteinnahmen oder Finanzierungskosten denkbare Schäden. Da aufgrund der engen und kollaborativen Zusammenarbeit eine Differenzierung der konkreten Schadensursachen und deren Zuordnung auf einen konkreten Auftragnehmer sich als sehr schwierig darstellt, kann vertraglich eine Regelung dahingehend getroffen werden, dass der Auftraggeber die ihm entstehenden Schäden den Erstattbaren Kosten zurechnet und somit vergemeinschaftet. Hierbei ist auch die Variante denkbar, dass der Auftraggeber als IPA-Partner einen Anteil seines Verzugsschadens selbst trägt und nur den übrigen Anteil den Auftragnehmern auferlegt.

Sind durch etwaige Schadensersatzansprüche des Auftraggebers die Zielkosten jedoch so weit überschritten, dass der Beteiligungs-Pool vollständig ausgeschöpft ist, gibt es für die Haftungsregelung im Vertrag mehrere Möglichkeiten:

- die einzelnen Auftragnehmer haften gesamtschuldnerisch entsprechend ihrer Beteiligungsanteile;
- die einzelnen Auftragnehmer haften einzeln oder gesamtschuldnerisch entsprechend ihres Verursachungsbeitrages;
- die Auftragnehmer haften darüber hinaus gar nicht.

Die hier präferierte Variante ist eine gemeinschaftliche Haftung entsprechend der Beteiligungsanteile, weil hierdurch vermieden wird, die Schuldfrage zur Ermittlung des Verursachungsbeitrages zu stellen. Die Auftragnehmer müssen sich daher während der Bauausführung zu auftretenden Verzögerungen nicht bereits positionieren, um sich gegebenenfalls später wirksam gegen einen Schadensersatzanspruch des Auftraggebers verteidigen zu können, sondern sie können sich vollständig auf die Reduzierung der Verzögerungsfolgeschäden konzentrieren.

Die Variante eines Haftungsverzichts für Verzugsschäden seitens des Auftraggebers kommt dann in Betracht, wenn dem Auftraggeber faktisch durch eine verzögerte Fertigstellung kein nennenswerter Schaden entstehen kann.

„Nach wie vor ist eine der größten Herausforderungen für alle Beteiligten, ihre 'alte Position' zu verlassen und sich auf die neue Arbeitsweise und Methoden einzulassen. Über gegenseitiges Vertrauen entsteht Sicherheit und Zuversicht in die erarbeiteten Lösungen."

Oliver Bartz, IPA-Experte

SHORT FACTS:

- Mit der Zuschlagserteilung werden die Vergabeverfahren abgeschlossen und die ausgewählten Auftragnehmer unterzeichnen zusammen mit dem Auftraggeber den IPA-Vertrag.

- Die Vergütung in der Allianz erfolgt auf Basis der Selbstkostenerstattung, um möglichst auszuschließen, dass die Partner eher nach partikularer Gewinnoptimierung streben als ein gemeinsames Ziel zu verfolgen.

- In Phase 1 erfolgt die Vergütung des Aufwands für Planung, Beratung und Koordinierung auf Grundlage der im Angebot festgelegten und sodann vom Wirtschaftsprüfer verifizierten Stundensätze. Nachunternehmerkosten werden erstattet.

- In Phase 2 werden die Erstattbaren Kosten (Einzelkosten der Teilleistungen und Baustellengemeinkosten) der Eigen- und Nachunternehmerleistungen anhand der tatsächlich entstandenen Aufwände vergütet und Zuschläge für Allgemeine Geschäftskosten und Gewinn berücksichtigt.

- Zur Überprüfung der geltend gemachten Kostensätze in Kalkulation und Abrechnung setzt der Auftraggeber einen Wirtschaftsprüfer ein. Dieser behandelt alle Informationen vertraulich und gibt den Partnern nur sein Prüfergebnis bekannt.

- Zur Zielkostenangebotsprüfung kann der Auftraggeber einen Baupreissachverständigen heranziehen, welcher dann die Angemessenheit der Angebotshöhe inklusive der Risikobewertung überprüft.

- Die integrierte Aufbauorganisation hat eine flache Hierarchie und besteht aus drei Ebenen. Auf allen diesen Ebenen werden die einzelnen Teams aufgabenspezifisch, kompetenzorientiert und unternehmensübergreifend besetzt.

- Das SMT wird mit je einem Vertreter der Managementebene der Partnerunternehmen besetzt und ist bei Entscheidungen einzubinden, die die Projektziele, die Kosten oder Termine oder auch die Aufnahme oder Kündigung einzelner Partner betreffen. Das SMT entscheidet einstimmig oder nach dem Mehrheitsprinzip. Bei Konflikten im SMT kann ein externer Streitlöser (Mediator, Schlichter oder Adjudikator) angerufen werden.

- Das PMT besteht aus jeweils einem stimmberechtigten Vertreter eines jeden IPA-Partners und ist für den Gesamterfolg des Projektes verantwortlich. Es entscheidet einstimmig. Dem PMT steht das SMT als Eskalationsebene und Unterstützung zur Verfügung.

- Die PITs bilden die Wertschöpfungsebene des Projekts. Sie werden vom PMT eingesetzt und mit größeren oder kleineren Aufgaben betraut und entscheiden einstimmig. Für die Entwicklung optimaler Lösungen ist es empfehlenswert, die PITs mit mindestens einem Vertreter eines Planers, einer Baufirma und des Auftraggebers bzw. Nutzers zu besetzen. Das PMT unterstützt die PITs bei Uneinigkeit und sonstigen Herausforderungen.

- Das PMT kann außerdem PMOs einsetzen und von diesen optimale, den Bedarfen des Projektes entsprechende Prozesse erarbeiten, ausrollen und bei Erfordernis verbessern lassen.

- Der IPA-Coach begleitet das IPA-Team in allen Projektphasen beim Change-Prozess und Teambuilding. Er kann zudem als Lean Coach die Umsetzung der Lean Prinzipien und Methoden unterstützen.

- Der IPA-Manager wird vom PMT gewählt und steht diesem unterstützend zur Seite.

- Über eine Projektversicherung werden Schäden aus Mängeln infolge Planungsfehlern abgedeckt. Die Auftragnehmer vereinbaren in einer gegenseitigen Haftungsbeschränkung nur für Vorsatz und grobe Fahrlässigkeit zu haften. In der Gewährleistungsphase bleibt es bei der konventionellen Haftung jedes einzelnen.

- Bei Verzugsschäden, die den Beteiligungs-Pool vollständig ausschöpfen, sollten die Auftragnehmer gesamtschuldnerisch entsprechend ihrer Beteiligungsanteile haften.

D

Planungsphase

Phase 1
Planungsphase

Die Phase 1 beginnt mit dem Vertragsschluss und endet mit der Annahme oder Ablehnung des Zielkostenangebotes. Damit ist bereits definiert, welche Schritte und Inhalte Bestandteil dieser Phase sind. Die IPA-Partner bilden das Allianzteam und müssen sich in dieser neuen Rolle zunächst zurechtfinden. Dazu dienen die Kick-Off-Workshops, in denen die Teammitglieder sich und ihre Fähigkeiten aber auch ihre Eigenheiten kennenlernen, die Projektstruktur entwickeln und organisatorisch umsetzen und die Planungsaufgabe aufnehmen. Zur Unterstützung der integralen, interdisziplinären Zusammenarbeit werden von Beginn an Lean Methoden eingesetzt. Für den Planungsprozess mit dem Ziel des gemeinsamen, von allen IPA-Partnern getragenen Zielkostenangebotes wird beispielsweise Target Value Design angewendet. Diese Methode leitet das Team zu einem iterativen, reflektierten und an Kosten- und Terminzielen ausgerichteten Planungsprozess an.

I. Integrale Zusammenarbeit

Die Organisationsform einer IPA orientiert sich an einer Kreisorganisation. In einer Kreisorganisation werden die Aufgaben durch sich selbst organisierende Teams, den PITs, erledigt. Die Mitarbeiter der IPA nehmen in dieser Organisation verschiedene Rollen ein. Folglich kommt es darauf an, die Rollen und die Teams sowie deren Kommunikation miteinander optimal aufzubauen und in ein selbstlernendes System zu verwandeln. Hierdurch werden Entscheidungen auf den niedrigsten Ebenen im integralen Team derer, die über das meiste Knowhow in Bezug auf die Problemstellung verfügen, möglich. Die Entscheidungen werden also schnell und dezentral getroffen. Damit wird zugleich innovativen Lösungen Raum gegeben. Die PITs arbeiten eigenverantwortlich, steuern sich selbst und lernen voneinander. Durch klare Vorgaben zu Prozessen, Zielen, Reporting und durch eine übergeordnete Terminsteuerung arbeiten die PITs im Gleichklang auf das gemeinsame Ziel hin.

1. IPA-Teamstruktur und Teambesetzung

Die IPA-Partner stellen gemeinschaftlich ein Team mit den notwendigen, ihnen zur Verfügung stehenden Ressourcen auf. Die grundsätzliche Organisationsstruktur einer IPA mit den drei Entscheidungsebenen ist unter → Entscheidungsmechanismen in der Allianz, S. 113 näher erläutert.

Bei der Gestaltung der PITs sind darüber hinaus die folgenden weiteren Kriterien zu berücksichtigen:

- Die Anzahl der PIT-Mitglieder sollte die Größe von 10 Personen nicht übersteigen
- Schnittstellen zu anderen PITs sind möglichst gering zu halten
- Gestaltung der PIT-Struktur entlang der Struktur des Bauwerks, Objektes, Systeme

Das Ziel ist, innerhalb der PITs die maximale Integration und zwischen den PITs die maximale Unabhängigkeit zu erreichen.

Die PITs werden durch das PMT eingesetzt und nach Erledigung der Aufgabe auch wieder aufgelöst. Die PIT-Struktur ist flexibel und im Sinne „best for project" je nach anstehender Aufgabe und Projektphase anzupassen. Bei der Besetzung der PITs gilt der Grundsatz „best person for the job", um so die Kompetenzen des IPA-Teams zielführend einzusetzen.

Die PIT-Strukturen unterscheiden sich in den aktuellen Pilotprojekten deutlich voneinander. Dabei zeigt sich, dass eine Ausrichtung am Prozess des Wertstroms ein großes Potential zu einer stabilen, zielorientierten und effizienten Zusammenarbeit bietet. Die PITs werden mit Bezug zu den Bauteilen aufgesetzt und arbeiten zu Beginn mit entsprechendem Schwerpunkt in der Planung unter Einbeziehung der Kompetenzen aus Ausführung und Betrieb. Mit dem zunehmenden Prozessfortschritt verschiebt sich der Fokus auf die Ausführung, jedoch ohne auf die begleitende Unterstützung der Planung zu verzichten. Zum Ende der Tätigkeit liegt der Schwerpunkt beim Nutzer, welcher den Prozess durch die Übernahme abschließt. Bis zum gemeinsamen Erfolg sind so alle wesentlichen Wissensträger beteiligt und in die Verantwortung für das Gelingen eingebunden.

Andere PIT-Strukturen sind ebenfalls möglich, wenn die Randbedingungen oder die Aufgabenstellung dies erfordern. Teils mag es notwendig sein, die PITs weniger integral zu besetzen, wenn die kulturelle Veränderung für die Mitarbeiter noch eine zu große Herausforderung darstellt. Als Zwischenschritte in der Entwicklung sind viele Varianten möglich und erlaubt. Die Struktur hat keineswegs vorrangig den Anforderungen an eine agile Organisation gerecht zu werden, sondern sollte vielmehr für das Projektteam eine Umgebung für bestmögliche Zusammenarbeit sein. Auch wenn es zunächst einfacher erscheint, führt das Arbeiten ohne PIT-Struktur unweigerlich dazu, dass die Arbeitsweisen klassisch und isoliert bleiben und das Potential der integrierten Arbeitsweise nicht aktiviert werden kann.

bauteilbezogene PITs	Beispiel 1	Beispiel 2	Beispiel 3
	Verkehrswegebau	Außenanlagen	LST
	Stahlbau	Rohbau	Oberbau
	Steuerungstechnik	Haustechnik	Signaltechnik
	Gründung	Ausstattung	Erdbau
	usw	usw	usw

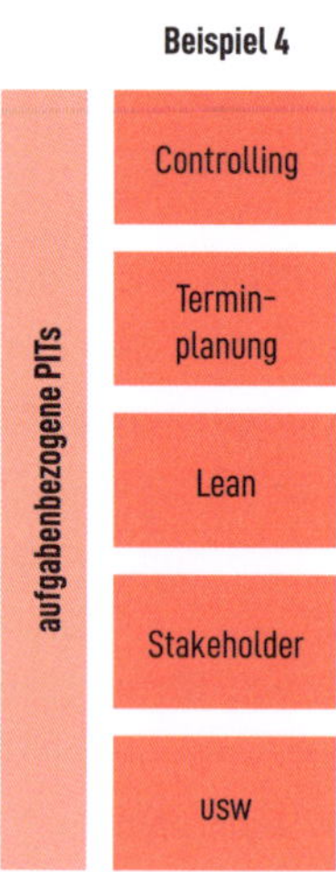

Beispielhafte PIT-Struktur

2. Organisation der Zusammenarbeit

Damit das IPA-Team in eine gute, vertrauensvolle Zusammenarbeit findet, sind Transparenz und Vertrauen essenziell. Eine solche Kultur bildet sich nicht von selbst. Viele Elemente der klassischen Projektumgebungen stehen sogar im Gegensatz zu diesen Werten und verhindern diese eher, als sie zu befördern. Für den Aufbau einer guten Teamkultur können verschiedene Elemente und Methoden genutzt werden:

Gemeinsame Datenbasis
Durch den Einsatz von entsprechenden Datenaustausch- und Arbeitsplattformen arbeitet das IPA-Team in einer gemeinsamen Umgebung, in der jeder Zeit durch alle Projektbeteiligte Informationen und Unterlagen ausgetauscht und der ständige Zugriff gewährleistet werden kann. Bestenfalls kann an Dokumenten gemeinsam gleichzeitig gearbeitet werden. Es gilt zu vermeiden, dass die Datenablage intern auf den Plattformen/Servern der jeweiligen Partner erfolgt und somit aktuelle Ergebnisse und

Arbeitsstände nicht für alle IPA-Partner bekannt sind. Darüber hinaus eignen sich CDE-Plattformen für das gemeinsame Planen im Modell, das dortige Aufgabenmanagement (Issue Management) sowie für Planablage und den gleichberechtigten Zugriff. Die Plattformen bieten oftmals auch die Möglichkeit, Workflows zur Planprüfung, zum Mängelmanagement oder Teilschritte in Produktabnahmen oder Vorleistungsprüfung mit Definition von Rollen, Verantwortlichkeiten und Zeitabläufen zu definieren.

Methoden zur Unterstützung der Zusammenarbeit

Die Zusammenarbeit in der IPA erfordert ein besonderes Maß an Transparenz und Kooperation. Diese können insbesondere durch den Einsatz von Methoden und Werkzeugen des Lean Managements sowie durch BIM als digitale Arbeitsmethode unterstützt und gefördert werden. Die wesentlichen Elemente der integralen Zusammenarbeit wie offene Kommunikation, gemeinsame Ziele, Vertrauen, crossfunktionales Arbeiten, gemeinsame Entscheidungsfindung, kontinuierliche Verbesserung, Dokumentation und Transparenz sind in den Ansätzen von Lean Methoden und BIM fest verankert und liefern damit die optimalen Vorrausetzungen für die Anwendung in der IPA - umgekehrt bietet IPA die optimale Umgebung für BIM.

Gemeinschaftliche Arbeitsräume

Das → Einrichten einer Colocation, S. 54 für das IPA-Team ist ein wesentliches Element für die erfolgreiche Zusammenarbeit als ein Team. Die gemeinsamen Arbeitsräume fördern die schnelle und einfache Kommunikation unter den IPA-Kollegen. Der direkte persönliche Austausch (im Vergleich zum schriftlichen oder fernmündlichen Austausch per Mail oder Telefon) führt erfahrungsgemäß zu einem besseren Ergebnis und weniger Missverständnissen. Des Weiteren wächst das Team zusammen und lernt sich besser kennen, zB durch Gespräche an der Kaffeemaschine oder beim gemeinsamen Mittagessen.

Gemeinsam Prozesse erarbeiten

Für die optimale Zusammenarbeit und Koordination als IPA-Team sind einheitliche – für alle Partner der IPA passende und geltende - Prozesse erforderlich. Diese gilt es gemeinsam zu etablieren und ggf. anzupassen. Das IPA-Team ist gemeinschaftlich dafür verantwortlich, dass die erforderlichen Prozesse identifiziert werden, entsprechend erarbeitet und gelebt werden. Dazu werden in der Regel die Projekt Management Offices (PMOs) eingerichtet, die mit Vertretern der IPA-Partner besetzt sind und Prozesse gemeinsam entwickeln. → Prozesse / PMOs, S. 151

Regelkommunikation für den Informationsfluss und die Einbindung aller Beteiligten

Damit die Einbindung und Informationsweitergabe sowie ein hohes Maß an Transparenz gewährleistet werden können, ist ein kontinuierlicher und koordinierter Austausch im IPA-Team erforderlich. Durch die Einführung von Regelkommunikation kommt es zu terminlich fest definierten, standardisierten und regelmäßigen Austausch- und Abstimmungsterminen. Dabei ist sicherzustellen, dass es Regeltermine auf allen Projektebenen (PIT, PMT, SMT) aber auch teamübergreifende Koordinations- und Statustermine gibt. Wichtig ist, dass die Termine für alle bekannt sind und klar ist, wer an welchen Terminen (in der Standardkonstellation) teilnimmt. Damit alle Termine transparent und für das gesamte IPA-Team jederzeit einsehbar sind, empfiehlt sich ein gemeinsamer Kalender oder auch eine einfache Übersicht der Termine in einer „Stundenplan"-Darstellung. Die Abfolge der Termine muss den Informationsfluss entlang der Kommunikationskaskade von den PITs zum PMT abbilden, um eine schnelle Eskalation und Entscheidung innerhalb von Stunden- oder Tagesfrist zu gewährleisten.

Regelmäßige Team-Events und Workshops zur Reflektion des Erreichten

Im Streben nach kontinuierlicher Verbesserung werden regelmäßig Termine im Team durchgeführt, die Aspekte des Teambuildings oder auch die Reflektion der gemeinsamen Erfahrungen bei der Umsetzung der Aufgaben und der gegenseitigen Erwartungen zum Inhalt haben. In diesem Rahmen diskutiert das Team positive Entwicklungen ebenso wie Ideen für Verbesserungen. Die Workshops können für zusätzliche Impulse ggf. auch mit externen Moderatoren durchgeführt werden. Neben den Kick-Off-Veranstaltungen zum Beginn des Projektes und im Übergang zwischen den Phasen, ist das Zusammenwachsen des Teams durch regelmäßige Team-Events und das Feiern von erreichten Meilensteinen (gemeinsames

Abendessen, Grillen, Besuch bei Sportevents, Exkursionen, Best Practice Besuche bei anderen Projekten etc) zu fördern. Darüber hinaus geht das gemeinsame (Zusammen-)Wachsen mit kontinuierlicher Reflektion und Verbesserung einher, so dass regelmäßige Feedbacks und Stimmungsbilder sowie entsprechende Workshops zur Verarbeitung der Ergebnisse mit Festlegungen und Umsetzung von Maßnahmen berücksichtigt werden.

Für eine gute Zusammenarbeit ist unser Menschenbild, also die Haltung, wie wir anderen und uns selbst, begegnen ein wichtiger Faktor. Aus der Kindheit geprägt – können wir im Laufe des Lebens und in vielen Begegnungen und Erfahrung unsere Wahrnehmung verändern.[57] Die Bereitschaft, offen auf andere Menschen zuzugehen, ihnen zu vertrauen, zugleich aber auch in uns selbst zu vertrauen, macht es um vieles einfacher, ein gutes Team zu werden.

Neben der Vereinbarung zu gemeinsamen Werten für die Zusammenarbeit spielt auch die Ansprache untereinander eine wesentliche Rolle. Die Einführung des „Du“ auf allen Ebenen lässt das Team zusammenwachsen.

„Es ist eine große Freude, dass wir das Zielkostenangebot nun fertig haben - das Team ist sehr motiviert und mit dem Projekt verbunden! Alle stehen dahinter und sind voller Vorfreude auf die nächste Phase!“

Stefan Heidrich, PMT im IPA-Projekt „Allianz 3 Schulen Bremerhaven“, WTM Engineers GmbH

57 Lausch Trust Me. S. 22 f.

Reflexion
Ich bin o.k. – Du bist o.k.

Folgende Übung hilft dabei, herauszufinden, wie man anderen und sich selbst begegnet.[58]

Man lese die folgenden Aussagen und ordne sich selbst ein.

Ich bin <u>nicht</u> o.k. Du bist o.k	Ich bin o.k. Du bist ok.
Ich bin <u>nicht</u> o.k. Du bist <u>nicht</u> o.k	Ich bin o.k. Du bist <u>nicht</u> o.k.

Für alle, die sich im grünen Feld einordnen, liegt im Menschenbild kein Hindernis für die erfolgreiche Zusammenarbeit. Für alle anderen schließt sich die Frage an, was führt zu diesem Menschenbild? Kann es verändert werden? Was steht im Weg? Oft kann die Haltung Schritt für Schritt verändert werden, zB in dem man sich in der Begegnung mit anderen dieser Haltung klar wird und ganz bewusst versucht, dem grünen Feld näher zu kommen, oder es zu erreichen. Positive Erfahrungen werden die Veränderung unterstützen.

58 Harris Ich bin o.k. Du bist o.k. S. 66.

3. Gemeinsame Werte

Für den Aufbau eines erfolgreichen IPA-Teams ist es besonders wichtig, ein gemeinsames Verständnis von guter Zusammenarbeit zu entwickeln und ein Bekenntnis für die gemeinsame Verantwortung herzustellen. Das ist nicht immer einfach und erfordert Geduld für den Veränderungsprozess. Alle Menschen bringen verschiedene Erfahrungen mit und reagieren unterschiedlich dynamisch auf Impulse zur Kulturveränderung. Zur Unterstützung des Kulturwandels werden gemeinschaftlich Werte für die Zusammenarbeit identifiziert und fixiert, die dem IPA-Team fortwährend als Leitlinie und Instrument der Reflektion dienen. Diese kulturelle Verabredung wird als Projektcharta im Rahmen der Kick-Offs oder auch in gesonderten Workshops formuliert. Dazu tauschen sich die IPA-Partner in offener Atmosphäre über ihre Erwartungen und Wünsche an die Zusammenarbeit aus und finden Übereinstimmungen. Diese bilden die Basis für die gemeinsame Formulierung der Charta, welche dann von allen IPA-Teammitgliedern als Zeichen der Zustimmung unterzeichnet und in der Colocation für alle sichtbar aufgehängt wird.

Die folgenden Werte sind für die offene Zusammenarbeit eine wichtige gemeinsame Basis. Sie sind zugleich – nach den Ergebnissen der Forschung[59] – für eine Vielzahl der Beteiligten von großer Relevanz[60] und werden daher vielfach Ergebnis des Workshops und Inhalt der Charta sein.

- Offenheit und Transparenz
- Ehrlichkeit
- Vertrauen
- Verlässlichkeit
- Wertschätzung und Respekt für Menschen
- Gegenseitige Unterstützung

Weitere Inhalte einer Projektcharta können die Fokussierung auf gemeinsame Ziele, Auflösen des Silo-Denkens, Fehler- und Feedbackkultur, schnelle Entscheidungen, Spaß und Motivation sein.

59 Bleiker/Wallemann/Müller Wirtschaftspsychologie 2021 S. 26 ff.; Becker Teamarbeit S. 59 ff.
60 https://ipa-zentrum.de/nachschlagewerk/charakteristika/kooperative-haltung-der-beteiligten/ zuletzt abgerufen am 14.1.2024.

II. Kick-Off-Phase

Bevor die inhaltliche Arbeit (Planung, Erstellung Leistungsprogramm, Zielkostenermittlung in Phase 1) aufgenommen wird, ist das gegenseitige Kennenlernen und gemeinschaftliche Aufsetzen, Strukturieren und Organisieren des gemeinsamen Projektes durch die IPA-Partner für den Aufbau des Teams von besonderer Bedeutung. Im Rahmen von Kick-Off-Terminen des SMT und PMT sowie Kick-Off-Terminen für die PITs und PMOs erfolgt der erste Einstieg in das Projekt, in das IPA-Modellverständnis, die Teamkultur und die vorgesehene Organisationsstruktur, Arbeitsweisen, Methoden und Tools. Bei der Konzeptionierung des IPA-Projektes ist für diese Phase ausreichend Zeit vorzusehen. Diese ist abhängig von der Projektgröße und Anzahl der Beteiligten. Bei einer IPA mit mehr als 5 Partnern erfordert das Kennenlernen und der Projekteinstieg mehr Zeit und mehr Termine als bei einer IPA mit 3-5 Partnern.

Die Kick-Off-Phase bildet die Basis für die Enwicklung aller Mitarbeiter der Allianzpartner zu einem Team.

Die Ziele und Inhalte zu den einzelnen Kick-Off-, Onboarding- und Teambuilding-Workshops werden nachfolgend erläutert und mit Beispielen zur Ausgestaltung der Veranstaltungen aufgeführt.

„ Kulturwandel ist eine tägliche Entscheidung. Er muss wie „Kosten, Termine, Qualitäten“ aktiv gemanagt werden. Tools wie BIM und LEAN geben uns Werkzeuge für dieses Management. “

Markus Lentzler, SMT Mitglied im IPA-Projekt LIFE Hamburg, Sprecher des IPA-Zentrum Leitungsteams; Mitglied des Vorstands des GLCI

1. Kick-Off des Projekt Management Teams

Die Rolle des PMT sieht die Strukturierung des Projektes in Aufbau und Ablauf sowie die Erstellung des Projektausführungsplans vor. So ist das Kick-Off des PMT eines der ersten Meetings der IPA nach der Vertragsunterzeichnung, zu dem die PMT-Mitglieder aller IPA-Partner zusammenkommen. Die gemeinsame Zeit dient zum einen dem Kennenlernen und zum anderen den ersten Schritten der Strukturierung des Projekts.

Wie soll es losgehen? In welchen PITs und PMOs soll gearbeitet werden? Welche Prozesse sind zu definieren? Dieser inhaltliche Einstieg ist individuell in Abhängigkeit von den Randbedingungen des Projektes, wie zum Beispiel von der Größe des PMT (Anzahl der IPA-Partner), zu gestalten. Dabei liegt es in der Verantwortung des PMT, eine Organisationsstruktur für die erste Phase, insbesondere für die erforderlichen PITs und PMOs, gemeinschaftlich zu erarbeiten.

Neben diesen Fragen gilt es, ein Verständnis für die Ziele (Conditions of Satisfaction, CoS) des Auftraggebers zu gewinnen, um das Projekt an diesen Zielen ausrichten zu können. Im Folgenden können erste gemeinsame Überlegungen und Konzepte zur Zusammenarbeit und Teamstruktur – unter Anleitung und mit Impulsen des IPA-Coaches – diskutiert und entwickelt werden.

Das PMT-Kick-Off findet bestenfalls bereits in der Colocation der IPA in Präsenz mit allen PMT-Mitgliedern statt und wird durch den IPA-Coach vorbereitet und moderiert. Bei der Planung des Kick-Offs ist ausreichend Zeit vorzusehen. Das Kick-Off kann sich über zwei oder mehr Tage strecken, so dass gemeinsame Teamaktionen am Nachmittag bzw. Abend stattfinden können.

Die Inhalte für das Kick-Off des Projektmanagements Teams könnten wie folgt aussehen.

- Kennenlernen
- Vorstellung des Projektes und der Ziele (Conditions of Satisfaction)
- Zielbild der Zusammenarbeit → Projektcharta, S. 143
- Ideen und Konzepte zur Organisationsstruktur der IPA
- Vorbereitung und Gestaltung des Onboardings für das gesamte IPA-Team

2. Kick-Off des Senior Management Teams

Nach der Unterzeichnung des MPV ist das Kick-Off des SMT ebenso eines der ersten Meetings, welche im Rahmen der frisch geschlossenen Allianz stattfinden. Das Kick-Off erfolgt in der Regel in Präsenz in der Colocation. Folgende Inhalte können im Rahmen des SMT-Kick-Offs behandelt werden.

- Kennenlernen
- Duz-Kultur
- Grundsätze der IPA
- Führungs- und Teamkultur
- Rolle des SMT
- Brainstorming zu Werten der Zusammenarbeit –
  Wie stellen wir uns die Zusammenarbeit vor?
- Ausblick

Für das SMT-Kick-Off können ein bis zwei Tage, oder aber auch nur ein halber Tag ausreichend sein (abhängig von Projektgröße und Inhalten), so dass die zweite Hälfte des Tages (oder auch der Folgetag) für ein gemeinsames Kick-Off von SMT und PMT genutzt werden kann. Dies dient in erster Linie dem Kennenlernen der Beteiligten in beiden Ebenen, aber auch dem Erzeugen eines gemeinsamen Verständnisses für die Zusammenarbeit in der IPA und auch für die Rollenbilder des SMT und des PMT und deren Abgrenzung zueinander, für eine gute Zusammenarbeit beider Ebenen. Inhalte des SMT-PMT-Kick-Off können wie folgt aussehen:

- Kennenlernen
- Ggf. Blick auf die Werte zur Zusammenarbeit
- Rollenbilder SMT / PMT – gemeinsames Wirken im Sinne der Projektziele
- Blick auf die ersten Meilensteine und Ziele
- Gemeinsamer Abschluss

3. Zielbild der Zusammenarbeit – Projektcharta

Ein weiteres wesentliches Element der Kick-Off-Workshops sollte die Aufstellung eines gemeinsamen Zielbildes zur Zusammenarbeit in der IPA – auch Projektcharta oder Leitbild genannt – bilden.

Diese wird im Optimalfall durch das gesamte Team (PMT-, PIT-, PMO-Mitglieder) erarbeitet und verabschiedet. Eine andere mögliche Variante ist, dass das PMT im Rahmen des Kick-Offs die Projektcharta aufstellt und diese sodann dem Team vorstellt, diskutiert und mit diesem gemeinsam unterzeichnet. Diese zweite Variante ist bei größeren IPA-Teams zu bevorzugen, da die gemeinsame Erarbeitung sehr zeitintensiv werden kann.

Die Erarbeitung erfolgt in mehreren Schritten und unter Einsatz unterschiedlichster Ansätze und Methoden. So kann beispielsweise ein erster Schritt eine SWOT-Analyse mit dem Austausch zu den Stärken, Schwächen, Chancen und Risiken zur Zusammenarbeit in der IPA sein. Als Grundlage können anhand des Ergebnisses gemeinsame Werte identifiziert werden, die in ein gemeinsames Leitbild der Zusammenarbeit einfließen. Auch ein offenes Brainstorming zu Überbegriffen wie beispielsweise Kommunikation, Zielen, Konflikten, Fehlern, Wissen, Ressourcen, Daten etc in der Gruppe mit dem Sammeln von Erwartungen, Ideen und Wünschen liefert eine valide Grundlage für ein Leitbild.

Ziel ist es, die gemeinsam identifizierten Werte in ein Gesamtwerk zu bringen, das im Großformat (A1/A0) ausgedruckt, von dem IPA-Team unterschrieben und in der Colocation für das gesamte IPA-Team ausgehängt werden kann. Dieses Leitbild wird auch in den weiteren Kick-Offs und späteren Onboardings für hinzukommende Teammitglieder vorgestellt und als Zeichen des Commitments durch alle Teammitglieder unterzeichnet. Die Identifikation entsteht insbesondere durch die gemeinsame, individuelle Formulierung des Wortlauts der Charta im Team.

Beispiel für eine Projektcharta

- Wir sind **EIN TEAM** aus unterschiedlichen Unternehmen und Personen mit verschiedensten Kompetenzen. Unsere Stärke liegt in unserer Vielfalt und der Fähigkeit diese für die Projektziele einzusetzen.

- Wir handeln immer nach dem Motto **„BEST FOR PROJECT“**. Wir haben gemeinsame **ZIELE** und damit nur gemeinsam **ERFOLG** und lassen **ALLE** am Teamerfolg teilhaben. Jedes Teammitglied setzt sich für diese Ziele bestmöglich ein.

- Wir werden alle Teammitglieder mitnehmen und das **SILODENKEN** zwischen den Organisationen **AUFLÖSEN** und Grenzen überwinden.

- Wir geben **VERLÄSSLICHE** und **REALISTISCHE** Zusagen und benennen und beheben Fehleinschätzungen, Störungen oder Fehler sofort.

- Wir pflegen eine **TRANSPARENTE** und **EHRLICHE** Kommunikation. Wir leben eine offene **FEHLER-** und **FEEDBACKKULTUR**.

- Wir suchen nach **LÖSUNGEN** und nicht nach Schuldigen oder Problemen.

- Wir leben eine echte **PROJEKTDEMOKRATIE**, in der jeder seine Vorschläge, Ideen und Fähigkeiten einbringen kann und soll.

- Wir pflegen einen guten **AUSTAUSCH**, verteilen klare Aufgaben und treffen **SCHNELLE ENTSCHEIDUNGEN** durch kurze Wege und setzen diese konsequent und pragmatisch um.

- Wir sind bereit, gemeinsam und kontinuierlich voneinander zu **LERNEN** und uns gegenseitig mit unseren Fähigkeiten und Kompetenzen zu **UNTERSTÜTZEN**, um das Projekt, uns persönlich und unsere Unternehmen weiterzuentwickeln.

- Auch in konfliktbeladenen Situationen mit unterschiedlichen Meinungen arbeiten und diskutieren wir **WERTSCHÄTZEND** und auf **AUGENHÖHE**, behandeln uns **FAIR** und bleiben jederzeit **KOLLABORATIV** und **VERSTÄNDISVOLL**.

- Mit der Anwendung dieser **WERTE** und Grundsätze wollen wir unsere gemeinsamen Projektziele erreichen, dabei **SPASS** an der Arbeit zu haben und zugleich einen Beitrag dazu leisten, eine **NEUE PROJEKTKULTUR** der partnerschaftlichen Zusammenarbeit im Bauwesen zu etablieren und damit die **ZUKUNFT ZU GESTALTEN.**

4. Onboarding für das gesamte IPA-Team

Mit dem Onboading für das gesamte IPA-Team kommen alle für das Projekt vorgesehenen Mitarbeiter aller IPA-Partner das erste Mal zusammen. Es stellt damit den Projektauftakt für das IPA-Team dar und dient zum einen dem Kennenlernen der Projektbeteiligten untereinander, aber auch dem Kennenlernen der Grundsätze, Strukturen und der Kultur einer Integrierten Projektallianz. Des Weiteren werden das Projekt, die Conditions of Satisfaction sowie die durch das PMT entworfene PIT- und PMO-Struktur für die Phase 1 vorgestellt. Mit dem Onboarding wird der Start für den Beginn der PIT- und PMO-Arbeit eingeleitet.

Das Onboarding findet bereits in der Colocation der IPA in Präsenz mit allen IPA-Mitgliedern statt. Die Durchführung obliegt an sich dem PMT. Dieses wird durch den IPA-Coach in Vorbereitung und Moderation unterstützt. In der Regel ist das Onboarding für einen ganzen Tag vorgesehen, je nach Planung kann auch noch ein Beisammensein am Abend erfolgen. Je nach Jahreszeit kann das Onboarding im Freien oder auch im Big Room der Colocation stattfinden. Es ist zu empfehlen, eine lockere und entspannte Atmosphäre herzustellen, um den Austausch zu fördern (möglichst keine Tischreihen mit Stühlen und festen Plätzen). Sollten die Räumlichkeiten der Colocation nicht ausreichen, können entsprechende Räumlichkeiten angemietet werden.

Wichtig ist die frühzeitige Terminierung, so dass möglichst alle für das Projekt vorgesehenen Mitarbeiter teilnehmen können.

Die Termine für den vorgesehenen Projektstart mit dem SMT-Kick-Off und dem PMT-Kick-Off können bereits mit der Vertragsunterzeichnung benannt werden, so dass ein frühzeitiges Vormerken der Termine ermöglicht wird. Die Termine für das Onboarding des gesamten IPA-Teams und des PIT- und PMO-Kick-Offs werden sodann durch das PMT festgelegt.

Für die Planung des Onboardings des IPA-Teams können folgende Elemente und Ideen verwendet werden:

- ☐ Begrüßung durch den Auftraggeber und das PMT
- ☐ Kennenlernen
- ☐ Gruppenarbeit zur Reflektion zu Werten und Methoden der Zusammenarbeit in einer IPA
- ☐ Gemeinsame Aktivität

Checkliste

5. Kick-Off für die Projekt-Implementierungs-Teams (PITs) und Projekt Management Offices (PMOs)

Im Anschluss an das Onboarding empfiehlt es sich einen Kick-Off-Termin für die PITs und PMOs vorzusehen, in dem mit den PIT- und PMO-Mitgliedern konkret auf die Rollen innerhalb der IPA und der PITs und PMOs eingegangen wird, die vorgesehene PIT-Struktur nochmal vorgestellt wird sowie ein erster Einstieg in die PIT-Arbeit und ein Ausblick auf die ersten Wochen der IPA erfolgt. Mit dem Kick-Off-Termin beginnen die PITs und PMOs mit dem inhaltlichen Einstieg in die anstehenden Aufgabenpakete.

Optimalerweise findet das Kick-Off der PITs und PMOs in Präsenz in der Colocation statt. Nur als Notfall-Option sollte eine hybride oder gar eine komplette Online-Veranstaltung geplant werden.

Die Vorbereitung, Durchführung und Moderation des Kick-Offs können durch das auftraggeberseitige Team in Zusammenwirkung mit dem IPA-Coach erfolgen. In der Regel ist das auftraggeberseitige Team bereits einige Schritte voraus und hat beim Aufsetzen der IPA mitgewirkt, so dass die bereits erarbeiteten Ergebnisse (organisatorisch und inhaltlich) umfassend vorgestellt werden können.

Folgende Elemente können Inhalt des Kick-Offs für einen Start der PITs und PMOs sein.

Organisatorisches

Für den Einstieg in die IPA und Zusammenarbeit können alle organisatorischen Themen im Rahmen des Kick-Off vorgestellt und geklärt werden. Dazu können folgende Themen gehören:

- Colocation - Rundgang und Besichtigung der Räumlichkeiten der Colocation, Klärung Zugänge, Verteilung Schlüssel, WLAN etc
- Kommunikationssystem/-plattform – Zugänge, Einführung in die Nutzung/Aufbau/Struktur der Plattform
- Organisatorische Aufgaben: Prüfung der Zugänge, Kontakt- und Urlaubsliste befüllen, Anmeldung zu Schulungen

Erwartungen

Zu Beginn des Kick-Offs kann eine Erwartungsabfrage aller Teilnehmenden vorgenommen werden, um einen ersten Überblick zum Wissensstand sowie Fragen der Teilnehmenden im Zuge des Termins zu berücksichtigen und so einen möglichst effizienten und für alle hilfreichen Einstieg zu gewährleisten.

Grundlagen der Integrierte Projektallianz

Auch im Rahmen des Kick-Offs ist die Vorstellung des Modells der Integrierten Projektallianz ein wichtiger Baustein, um ein gemeinsames Verständnis zur Zusammenarbeit und Kultur bei allen Beteiligten herzustellen. Wichtig ist dabei, insbesondere auf die andere Art der Zusammenarbeit im Vergleich zu klassischen Projekten einzugehen. Die Prinzipien und Grundsätze in Kultur und Organisation der IPA sind zu vermitteln und offene Fragen zu klären.

Rollenbilder

In der IPA gibt es im Vergleich zu klassischen Projekten einige neue bzw. andere Rollenbilder → Entscheidungsmechanismen in der Allianz, S. 113, die durch die Projektbeteiligten (Planer, Ausführende, Auftraggeber) eingenommen werden. Die Vorstellung und Einführung in die Verantwortlichkeiten und Aufgaben der Rollen, insbesondere der PITs, PIT-Leitungen und PMOs, sollte im Kick-Off vorgenommen werden. Das Verstehen dieser etwas anderen Rollenbilder ist insbesondere zum Start der PIT- und PMO-Arbeit wichtig.

Struktur – PITs und PMOs

Sowohl von Bauherrenseite vor Projektstart als auch im Rahmen des PMT-Kick-Offs erfolgen in der Regel erste Gedanken und Konzepte zur Strukturierung der PITs und PMOs. Es wird meist ein Organigramm mit der Zuteilung der Mitarbeiter der IPA-Partner auf die verschiedenen PITs und PMOs aufgestellt. Dieses wird im Rahmen des Kicks-Offs erläutert.

Einstieg der PITs

Als ein weiteres Element kann im Rahmen des Kick-Offs auch ein erstes Zusammenkommen der PITs und PMOs vorgenommen und eine Gruppenaufgabe gestellt werden. Hierzu bieten sich beispielsweise Fragestellungen zu den Erwartungen an die Zusammenarbeit oder auch zur Herangehensweise an die anstehenden Aufgaben an. Nach der Gruppenarbeitsphase präsentieren die jeweiligen Teams ihre Arbeitsergebnisse.

Regelkommunikation

Das Vorstellen einer bereits durch das PMT ausgearbeiteten Regelkommunikation mit den vorgesehenen Regelterminen für die PITs, PMOs und das PMT liefert für das gesamte Team eine gute Struktur und Transparenz für den Start der Zusammenarbeit in der IPA. Mit dem Kick-Off ist klar, wann welche PITs und PMOs sich das nächste Mal treffen, und es sind keine weiteren Abstimmungen erforderlich.

Ausblick - die ersten Wochen im Projekt

Die Vorstellung der nächsten Schritte und Meilensteine im Projekt bietet einen guten Abschluss für den Kick-Off-Termin und ermöglicht zugleich einen strukturierten Einstieg für die PITs und PMOs.

Welche Inhalte und in welchem Umfang der Ausblick dargestellt wird, ist dem Projekt überlassen. Beispielsweise können es die ersten 100 Tage im Projekt sein oder auch nur 1-2 Monate. Wichtig ist, dass die Meilensteine klar definiert sind und die PITs und PMOs wissen, auf welche Termine sie hinarbeiten und was sie zu diesen Terminen erarbeitet haben müssen.

6. Schulungen und Einführung in Methoden und Tools

Um den Teams den Einstieg in die neue Projektumgebung zu erleichtern, werden die zum Einsatz kommenden Methoden und Tools im Rahmen der Onboarding- und Kick-Off-Veranstaltungen vorgestellt und hierzu Schulungen angeboten. Teile der Schulungen sollten verpflichtend sein, um im Team eine gemeinsame Basis für die Zusammenarbeit zu bewirken. In diese Schulungen ist das gesamte IPA-Team auf allen Ebenen (PMT, PITs, PMOs) einzubinden. Bei den Methoden Lean und BIM handelt es sich um projektübergreifende Methoden und Systeme mit Pflichtschulungen.

In den ersten Wochen der Zusammenarbeit werden die PITs und PMOs sowie auch das PMT intensiv durch das Coaching begleitet und in der Strukturierung und Umsetzung der Zusammenarbeit unterstützt (Regelagenda, Kanban-Boards für Aufgaben, kulturelles Verständnis, Funktionsweise der IPA-Tools und Unterschiede zur herkömmlichen Arbeitsweise, Reflektionen, Motivation für den Change-Prozess).

III. Prozesse / PMOs

Die Aufbauorganisation (→ Entscheidungsmechanismen in der Allianz, S. 113 sowie → IPA-Teamstruktur und Teambesetzung, S. 132) strukturiert das Projekt in organisatorischer Hinsicht und legt den Informations- und Weisungsfluss innerhalb des Projektes fest. Die Ablauforganisation beschreibt hingegen alle Prozesse, die innerhalb dieser Projektorganisation erforderlich sind, um das Projekt effektiv steuern zu können. Das Modell der Integrierten Projektabwicklung sieht in seiner Organisation sogenannte Projekt Management Offices, kurz PMOs, vor, die im Projekt als Unterstützungseinheit, vergleichbar mit einer Stabstelle, im Auftrag des PMTs agieren und projektübergreifend für die Entwicklung und Optimierung von Prozessen zuständig sind.

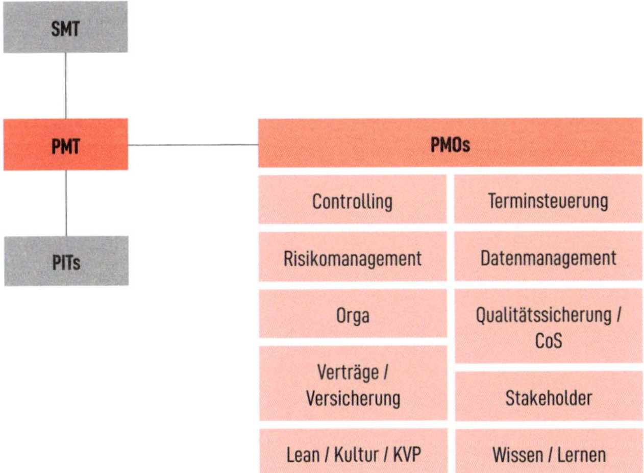

Einordnung der PMOs in die Projektstruktur

Aufgrund der Komplexität und Individualität von Bauprojekten sind auch die Prozesse in der Regel projektspezifisch zu entwickeln und an die Rahmenbedingungen und Anforderungen des jeweiligen Projektes anzupassen. Dennoch gibt es bestimmte Themen- und Aufgabenbereiche, für die jedes Bauvorhaben projektübergreifende Prozesse benötigt. Die nachfolgende Übersicht kann hierbei als Hilfestellung herangezogen werden:

- Organisation, Kommunikation und Dokumentation
- Kosten, Abrechnung und Controlling
- Chancen-Risiko-Management
- Lean Methoden und Kultur
- Datenmanagement und BIM
- Stakeholdermanagement
- Verträge und Versicherungen

In der Anfangsphase des Projektes hat das PMT zunächst die Aufgabe, die Struktur der erforderlichen PMOs festzulegen. Auch die PMOs werden integral besetzt. Im Laufe der Projektabwicklung erhalten die PMOs dann konkrete Arbeitsaufträge vom PMT, bestimmte Prozesse für das Projekt zu entwickeln. Durch die integrale Besetzung der PMOs haben alle Vertragspartner die Möglichkeit, ihr Knowhow mit einzubringen, so dass die PMOs die auf das Projekt am besten zugeschnittene Lösung erarbeiten können. Nach Zustimmung des PMT kann der jeweilige Prozess im Projekt ausgerollt werden. Damit ist die Arbeit der PMOs aber noch nicht getan. Ihre Aufgabe ist es auch, die unterschiedlichen Projektteams bei der Einführung und Umsetzung der Prozesse zu unterstützen, Feedback einzuholen und die Prozesse kontinuierlich zu verbessern.

„Wir betreten Neuland, das ist sehr spannend. Die Phase 1, der Planungsprozess, war ein guter, kollegialer Prozess mit Planern und Ausführenden.“

Jan Blasko, SMT im IPA-Projekt „Allianz 3 Schulen Bremerhaven“, Partner bei gmp Architekten von Gerkan, Marg und Partner

IV.
Termine – Last Planner®
(in der Planungsphase)

Das Last Planner® System (LPS) (Detailbeschreibung → Last Planner® System, S. 193 in der Ausführung) kann sowohl in der Planung als auch in der Ausführung zur Anwendung kommen. Nur durch eine gesamthafte Betrachtung können Bau- und Planungsprozesse miteinander in Einklang gebracht und aufeinander abgestimmt werden. Darüber hinaus können auf dieser Grundlage auch die Ausschreibungen und Vergaben bedarfsorientiert geplant werden. Damit es seine volle Wirkung entfaltet und die Abläufe damit ganzheitlich betrachtet und optimiert werden können, sollte das Last Planner® System so früh wie möglich im Projekt implementiert werden. Im Idealfall werden – zumindest auf einer groben Ebene – schon während der Projektvorbereitung die wesentlichen Meilensteine und Projektphasen mit Hilfe des Last Planner® Systems projektiert.

Insbesondere ist der Planungsprozess im Rahmen des Target Value Designs durch das Last Planner® System zu unterstützen. Zum Start der Phase 1 kann mit einer Gesamtprozessanalyse die Analyse der erforderlichen Schritte zur Entwicklung der Zielkosten vorgenommen werden. So wird ein gemeinsames Verständnis zur Bearbeitung der Planungsaufgabe bis hin zum Zielkostenangebot erzeugt. Im Fokus sollte dabei die Definition der Meilensteine mit einer konkreten Beschreibung der Inhalte und Ergebnisse stehen. In einem weiteren Schritt erfolgt die gemeinsame Durchführung der Meilenstein-Pull-Planung, in der die Arbeitspakete und Aufgaben für die PITs bestimmt und mit zeitlichen Ansätzen und einer Abfolge zur Erreichung der Meilensteine in einer Rückwärtsplanung versehen werden.

Der Begriff „Pull“, übersetzt „Ziehen“, bedeutet, dass sich der Zeitpunkt der Aktivität danach richtet, wann diese für den zeitgerechten Beginn der nächsten Aktivität abgeschlossen sein muss. Der Ablauf der Reihe von Aktivitäten im betrachteten Prozess ergibt sich rückwärts vom erforderlichen Zieltermin (→ Last Planner® System, S. 193)

Im Ergebnis der Meilenstein-Pull-Planung steht ein gemeinschaftlich erarbeiteter Planungsablauf geteilt in Planungsphasen bzw. Iterationsschritte (Target Value Design) mit einer zeitlichen Einordnung. Dieser bildet die Grundlage für die Detailplanung der Planungsaufgaben in den PITs und die Planung der Leistungen aller Beteiligten am Last Planner® Board. Im Zuge von wöchentlichen oder sogar täglichen Besprechungen am Board erfolgt die kurzzyklische Reflektion auf die Erfüllung der Aufgaben und Einhaltung der Zusagen und Meilensteine.

In der Praxis lässt sich beobachten, dass die Anwendung des Last Planner® Systems in der Planungsphase eine erhebliche Herausforderung für die Projektbeteiligten darstellt. Dies lässt sich auf unterschiedliche Ursachen zurückführen. Einerseits sind die Anforderungen in den frühen Phasen eines Projektes meist noch nicht präzise genug formuliert. Anderseits ist auch der Lösungsweg nicht immer gradlinig und zum Teil noch unbekannt. Die Aufgaben entwickeln sich kontinuierlich und verändern sich entsprechend. Erst im Laufe der Planungsphase wird das Bild sukzessive klarer.

Last Planner® System

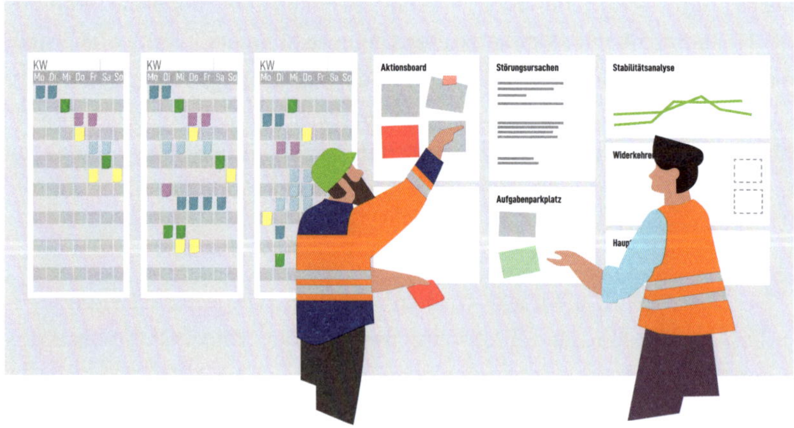

In der Planungsphase benötigt man daher Methoden, die eine Anpassung an geänderte Anforderungen oder eine Verschiebung der Prioritäten zulassen. Hier können agile Methoden ergänzend eingesetzt werden. Während Lean-Methoden darauf abzielen, Prozesse zu optimieren und zu standardisieren, geht es bei agilen Methoden vor allem darum, auf geänderte Anforderungen reagieren und neue Lösungsansätze ausprobieren zu können. Die nachfolgende Abbildung soll den Unterschied und das Zusammenwirken der beiden Ansätze – lean und agil – verdeutlichen.

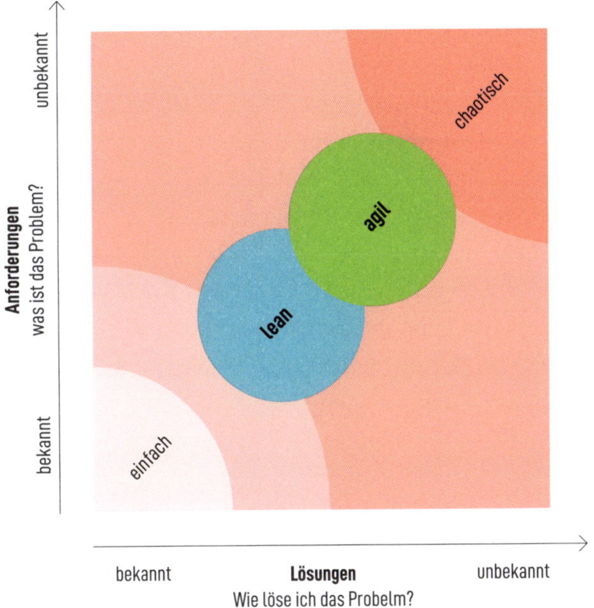

Lean vs. agil in Anlehnung an die Stacey Matrix

Dennoch ist das Last Planner® System auch für die Planungsphase geeignet, wenn es an die jeweilige Phase und deren Anforderungen adaptiert wird. Wird es bereits in der Projektvorbereitung oder spätestens zu Beginn der Planungsphase angewendet, entwickeln die Projektbeteiligten durch die Gesamtprozessanalyse ein gemeinsames Verständnis und definieren gemeinsame Ziele. Auf dieser Grundlage kann im nächsten Schritt, wie beschrieben, in die Meilenstein- und Phasenplanung sowie sodann in die Vorschauplanung übergegangen werden. Anstelle der im Bauprozess üblichen tagesscharfen Planung der Aufgaben kann die Vorschauplanung sowie die nachfolgende Produktionssteuerung beispielsweise mit dem Scrum Framework kombiniert werden, um sich entlang des Gesamtprozesses von Meilenstein zu Meilenstein zu hangeln. Die Scrum Methode ist eine der bekanntesten agilen Methoden, die ursprünglich aus der Softwareentwicklung stammt. Sie ermöglicht es, die Planung als Produkt zu verstehen und die einzelnen Bestandteile der Planung in sogenannten Sprints zu erarbeiten. Die Produktionssteuerung würde dann nicht in Form von wöchentlichen Produktionsevaluations- und Produktionsplanungsbesprechungen, sondern innerhalb von Daily Scrum Meetings und Sprint Reviews stattfinden. Auf diese Art und Weise können die unterschiedlichen Anforderungen in den einzelnen Projektphasen ideal bedient werden.

Es ist wichtig, zu verstehen, dass die Lean Prinzipien als Leitlinien zu betrachten sind. Bei der Auswahl der richtigen Methoden und Werkzeuge geht es darum, auch die Rahmenbedingungen eines Projektes oder einzelner Projektphasen zu berücksichtigen.
In einem der Pilotprojekte hat in den frühen Phasen beispielsweise eine Aufgabenstrukturierung mit Kanban Boards den PITs bei der internen Organisation geholfen.

„Diese andere Art des Planens und Bauens in der Allianz ist eine Herausforderung im Umgang mit Vertrauensaufbau zu den Allianzpartnern, wenn man sonst nur das häufig verbreitete Gegeneinander in der Bauwelt erlebt. Die neuen Methoden, die es zu erlernen und anzuwenden gilt, helfen dabei jedoch sehr. Wir sehen hierin Potential für den Projekterfolg aller Partner."

Martin Clausen, AUG. PRIEN Bauunternehmung, Projektleiter im PMT für iPAK5

V.
Target Value Design

Die Methode Target Value Design (TVD) gehört zu den Methoden des Lean Construction Managements. Sie ist vom Target Costing (Zielkostenmanagement) abgeleitet und dient der Kostenreduktion im Projekt. In IPA-Projekten wird das TVD in der Planungsphase (Phase 1) eingesetzt, um das Team auf dem Weg zur integralen Zusammenarbeit und bei der Entwicklung der besten Planungslösung zu unterstützen und iterativ, zielgerichtet und innovativ zum Zielkostenangebot zu führen.

Das Arbeiten in der integrierten Organisation mit interdisziplinären Teams, den PITs, zwischen denen eine kurzzyklische Kommunikation erforderlich ist, ist anfangs sehr ungewohnt. Es ist daher hilfreich, sich von Beginn an gemeinsam klar zu werden, wie diese intensive Phase zur Erstellung eines partnerübergreifend aufzustellenden Zielkostenangebots mit der dafür erforderlichen Planungsvertiefung ablaufen soll. Neben der Definition der Meilensteine in diesem iterativen Prozess ist die Festlegung eines gemeinsamen Kostenmodells erforderlich. Dieses muss den Anforderungen an Detaillierung und Fortschreibung über den gesamten Projektverlauf genügen.

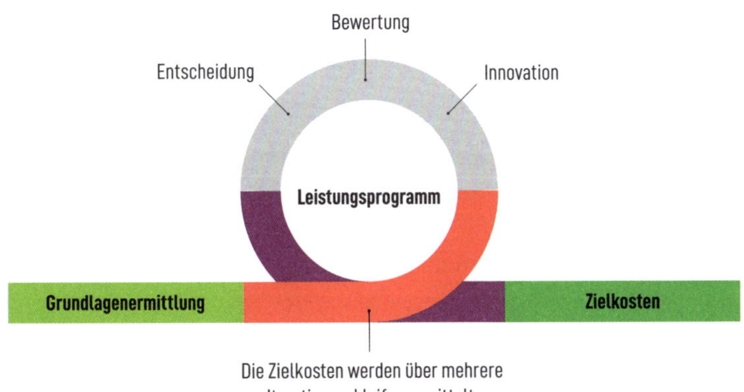

Zielkostenermittlung mit Target Value Design

Das Team hat in der Phase 1 die Aufgabe, aus dem Bauherrenprogramm ein konkretes Leistungsprogramm zu entwickeln. Dafür ist die Vertiefung der Planung erforderlich. Anders als in klassischen Projekten erfolgt die gemeinsame Planung integral, also zwar unter Verantwortung der an der Allianz beteiligten Planungsbüros, zugleich aber unter Einbindung der Ausführenden als Berater und der Auftraggebervertreter, um eine Lösung zu entwickeln, bei der jegliches verfügbare Knowhow genutzt wird. In dieser Weise ist auch der vertraglich vorgegebene Zeitrahmen in Form eines Planungs- und Bauablaufplanes zu detaillieren, um die Terminvorgaben zu überprüfen und einen machbaren Ablauf dem Zielkostenangebot beifügen zu können. Darüber hinaus sind die Kosten und die immanenten Risiken für die Planungslösung zu ermitteln.

Diese Aufgaben werden in den PITs bearbeitet. Dabei muss es gelingen, dass die PITs strukturell und inhaltlich zueinander passende Bausteine für die Planungsbereiche, Kosten, Termine und Risiken für ihren Bereich, also zB ihr Bauteil erstellen. Bei der Steuerung dieses Prozesses spielen sowohl das TVD als auch das Last Planner® System (LPS) eine Rolle.

- Mit dem TVD wird die Planung immer wieder optimiert, indem Varianten entwickelt, analysiert und bewertet werden, damit die Projektziele bestmöglich erreicht werden.
- Mit dem LPS wird der Prozess so geplant und umgesetzt, dass die PITs iterativ und im Gleichklang die Projektbereiche zueinander passend entwickeln.

Mit diesen Lean Methoden kann das Team auf dem Weg zur integralen Zusammenarbeit und bei der Entwicklung der besten Planungslösung effektiv unterstützt werden, sodass im Ergebnis diejenige Planungslösung mit dem höchstmöglichen Wert und Nutzen im Hinblick auf die bauherrenseitig formulierten Ziele (auch → Conditions of Satisfaction, S. 52, CoS genannt) entsteht. Diese Planungslösung bildet die Basis des zum Ende der Phase 1 zu erstellenden Zielkostenangebots (→ Aufbau und Inhalt des Zielkostenangebotes, S. 175).

Sollte bei Erreichen eines Meilensteins das Gesamtbudget überschritten werden, können verschiedene Maßnahmen ergriffen werden, um die Kosten zu reduzieren und das Budget wieder einzuhalten. Neben einer Überprüfung der einzelnen Planungsinhalte hinsichtlich deren Notwendigkeit für die Zielerreichung gehören dazu auch die Umverteilung von Budgets zwischen den Projektbereichen der PITs, Value Engineering, Innovationen und die Nutzung von Maßnahmen zur Risikoreduktion. Dieses Vorgehen wird nicht nur in Phase 1 sondern auch – nach Festlegung der Zielkosten – in Phase 2 bei der Umsetzung der Bauaufgabe kontinuierlich zur Kostenstabilisierung angewandt, um die Zielkosten einzuhalten und möglichst zu unterschreiten.

Grundlage des Target Value Design sind die Ziele des Auftraggebers oder auch weiterführend des Nutzers bzw. Betreibers (CoS). Damit wird erreicht, dass die Lösung sich immer am Kundenwert orientiert. Zudem wird der Kunde stark in die Entscheidungen eingebunden. Dies erfordert einen entscheidungsfähigen und kapazitiv im notwendigen Maße verfügbaren Auftraggeber. Um dies zu gewährleisten, sollte immer ein Vertreter des Auftraggebers in den PITs mitarbeiten.

Um den Prozess optimal umzusetzen, wird zum einen iterativ vorgegangen (vom Groben ins Reine) und zum anderen werden verschiedene Varianten betrachtet (welcher Lösungsweg ist der vorteilhafteste?). Die beste Lösung bezieht sich dabei sowohl auf die Frage „WAS wird gebaut?“ als auch „WIE wird gebaut?“.

„ In der Planungsphase werden Planer und bauausführende Firmen frühzeitig an einen Tisch gebracht. Gemeinsam werden baubare Lösungen erarbeitet. In der Ausführungsphase kommt es durch die abgestimmte Planung seltener zu technischen Komplikationen. “

Dipl.-Ing Roger Brück, AUG. PRIEN Bauunternehmung, Mitglied im SMT iPAK5

Das bedeutet, dass für alle wesentlichen Entscheidungen bezüglich der Planungsinhalte und des Planungs- und Errichtungsprozesses verschiedene Lösungsmöglichkeiten zu entwickeln und hinsichtlich der Zielerreichung, der Kosten, Termine und Risiken zu bewerten sind. Damit wird eine gute Grundlage zur Entscheidungsfindung über die Varianten erreicht. Durch die Bewertung der Varianten wird jene Lösung identifizierbar, die das beste Verhältnis zwischen dem Einsatz von Ressourcen und der Zielerreichung ergibt. Diese Variante wird weiterverfolgt und vertieft betrachtet. Auf diese Art und Weise ist bezüglich jeder Fragestellung im Planungsprozess, an der mehrere Wege verfolgt werden können, vorzugehen. Das Team wird dabei darin geschult, Entscheidungen selbstständig zu treffen. Die Entscheidungen sollen immer auf der untersten möglichen Ebene getroffen werden, um das PMT zu entlasten (vgl. → Entscheidungsmechanismen in der Allianz, S. 113).

Im Rahmen des Target Value Design Prozesses erfolgt somit eine schrittweise Variantenverdichtung. Dabei ist es wichtig, dass die Meilensteine der Iterationsschritte definiert und für alle Beteiligten eindeutig und bekannt sind. Die Umsetzung des Target Value Design kann daher sehr gut mit Unterstützung des Last Planner® Systems in der Planung erfolgen (→ Termine - Last Planner®, S. 153 (in der Planungsphase)).

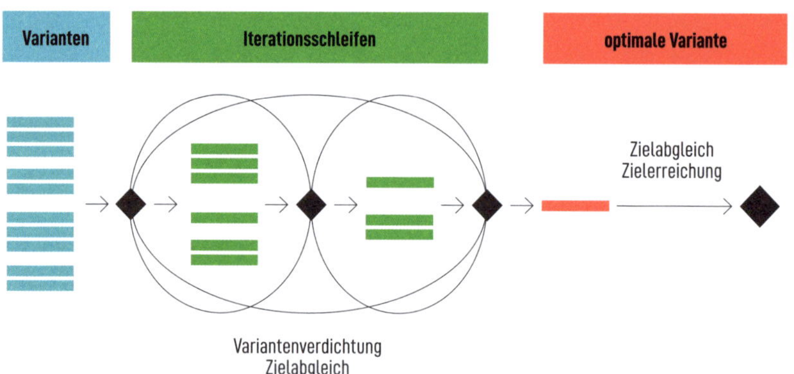

Lösungsalternativen finden mit Target Value Design

Im Rahmen des Target Value Design kommen verschieden Methoden zur Findung von Alternativen und Varianten zum Einsatz, zB können die Einbindung und Inspiration von fachfremden Beteiligten oder auch ein Brainstorming-Workshop zahlreiche Varianten aufzeigen.

Für die Bewertung der Varianten eignet sich beispielsweise der sogenannte A3-Report als Werkzeug. Die PITs stellen hierin für die zu treffende Entscheidung alle relevanten Daten von der Problembeschreibung über das Brainstorming zu verschiedenen Lösungsansätzen bis zur Bewertung der Varianten dar. Über eine einfache Punktesystematik ergibt sich die „vorteilhafteste" Variante. Die Basis für diese Vorgehensweise bildet die Lean Methode „Choosing by Advantages"[61].

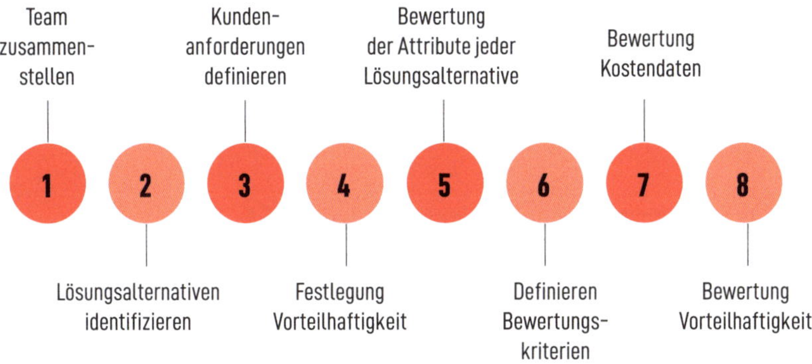

Prozessdarstellung Choosing by Advantages

Sollte innerhalb der PITs keine einstimmige Entscheidung herbeigeführt werden können oder die Entscheidung PIT-übergreifend von Relevanz sein, dient der A3-Report als Entscheidungsvorlage für das PMT.

Das TVD fördert die Zusammenarbeit der Beteiligten sowie die Berücksichtigung von Innovation und kreativen Lösungsansätzen. Zugleich befindet sich das Team in einem gemeinsamen Lern- und Verbesserungsprozess mit gemeinsamen Planungen und Umplanungen. Es wechselt

61 Schöttle/Arroyo/Christensen Decision-making Process.

dadurch in ein „Mindset der Optimierung" und lernt wie nebenbei, die Kundenziele nicht aus dem Blick zu verlieren, sondern ebenfalls aktiv in alle Entscheidungen einzubeziehen.

Jedem im Team sind die Projektziele bekannt. Alle Aktivitäten richten sich darauf aus, diese Ziele und die gesetzten Rahmenbedingungen der Kosten und Termine einzuhalten. Nur in diesem Fall wird das Zielkostenangebot vom Auftraggeber angenommen werden können und das Projekt auch umgesetzt werden.

Diese Phase ist eine sehr intensive Zeit für alle Beteiligten, in der auch die Anwendung der sogenannten No-Blame-Kultur[62] von großer Wichtigkeit ist. Es muss von Anfang an die Basis dafür geschaffen werden, dass alle akzeptieren, dass Fehler entstehen können und nur die schnelle Lösung und das Lernen aus dem Fehler das Team weiter bringt und nicht der Schuldvorwurf.

„ Die Abwicklung eines Projektes nach dem IPA-Vertragsmodell war für uns alle eine neue Art der Zusammenarbeit. Aus meiner Sicht ist es die bessere Art der Zusammenarbeit. Die technische Umsetzung steht im Vordergrund und die partnerschaftliche Zusammenarbeit wird auf allen Ebenen gelebt.

Wir haben das Projekt iPAK5 in Budget, Termin und Qualität realisiert und hatten trotz einer sehr hohen Dynamik auch noch Spaß dabei!

Wenn ich die Wahl hätte ein Projekt mit einer gewissen Komplexität konventionell oder nach dem IPA Vertragsmodell zu realisieren, würde ich immer IPA bevorzugen. "

Mentz Rehder, Actemium-Cegelec GmbH, Projektleiter im PMT für iPAK5

62 German Lean Construction Institute (GLCI) Lean Construction S. 66 f.

VI. Einbindung Nachunternehmer

Die Partner vereinbaren miteinander bereits frühzeitig Vorgaben für die Beschaffung von Lieferungen und Leistungen, die von den Auftragnehmern im Rahmen der Untervergabe an Dritte zur Erfüllung der im Allianzvertrag vereinbarten Leistungen zu berücksichtigen sind.[63]

Die Vorgaben gelten für alle Untervergaben, unabhängig von Art und Umfang der benötigten Lieferungen und Leistungen. Darunter fallen alle Beschaffungen, die an Unternehmen erfolgen, die in eigener Rechtsform nicht mit einem der Auftragnehmer identisch sind. Ob auch eine Untervergabe vorliegen soll, wenn Lieferungen und Leistungen bei verbundenen Unternehmen gemäß § 271 HGB, §15 AktG beschafft werden, muss ebenfalls festgelegt werden. Diese können wie das eigene Unternehmen behandelt werden, so dass die dort entstehenden Kosten als Eigenkosten zu kalkulieren und anzusetzen wären. Auch sollte geregelt werden, wie mit Lieferungen und Leistungen von Hilfsbetrieben eines Auftragnehmers umzugehen ist, die zwar rechtlich selbstständige Einheiten, aber ausschließlich unternehmens- bzw. konzernintern tätig sind.

Die Auftragnehmer sind eigenverantwortlich für die Steuerung ihrer Nachunternehmer und Lieferanten zuständig. Lieferungen und Leistungen Dritter sind dabei im Wettbewerb nach den Grundsätzen der Wirtschaftlichkeit zu vergeben. Der Auftragnehmer muss sicherstellen, dass die Untervergabe an fachkundige, leistungsfähige und zuverlässige Unternehmen zu angemessenen Preisen erfolgt. Die Beschaffung durch die Auftragnehmer und das PIT Beschaffung muss so erfolgen, dass die vereinbarten Projektziele bestmöglich erreicht werden.

63 Schwerdtner/Reumann NZBau 2024, 13 (13-15).

Die Entscheidungen über die Beauftragung von Unterauftragnehmern und die Vergabe von Lieferleistungen werden gemeinsam im PMT getroffen. Ausgenommen hiervon sind Nachunternehmer, die bereits im Rahmen des Vergabeverfahrens von einem Auftragnehmer im Wege der Eignungsleihe benannt wurden. Diese unterliegen keinem weiteren Auswahlverfahren (→ Auswahl und Einbindung der Nachunternehmer, S. 82).

Die Verfahrensvorbereitung und -durchführung von Untervergaben erfolgt in eigener Verantwortung desjenigen Auftragnehmers, dem die zu beschaffenden Leistungen oder Lieferungen nach dem Allianzvertrag zugeordnet sind. Hierzu fragt der Auftragnehmer drei Nachunternehmer an, wertet deren Angebote aus und unterbreitet dem PMT einen Vergabevorschlag. Es kann vereinbart werden, dass dieses Vorgehen für Beschaffungen unterhalb einer Bagatellgrenze nicht einzuhalten ist.

Das PMT wählt den Nachunternehmer aus, woraufhin der Auftragnehmer den Nachunternehmer beauftragt. Basis dieser Beauftragung sollten IPA-Nachunternehmerbedingungen sein, die einvernehmlich für alle Nachunternehmervergaben festgelegt wurden. Sie können durch Partner-eigene Vertragsmuster für Planungs- oder Bauleistungen ergänzt werden.

In diesen IPA-Nachunternehmerbedingungen sollte geregelt werden, dass sich der NU mit den Inhalten der Projektcharta einverstanden erklärt und diese Verhaltensregeln und Ziele für sich anerkennt. Der NU kann beispielsweise auch darüber informiert werden, dass die physische Zusammenarbeit der Beteiligten im Sinne der Produktivitätssteigerung und zur Sicherstellung einer kontinuierlichen Kommunikation und des vernetzten Denkens und Arbeitens ausgestaltet ist. Sofern auch für Leistungen des NU neben den eigentlichen Planungs- und/oder Bauleistungen das Arbeiten in der Colocation vorgesehen ist, müssten hierzu gesonderte Regelungen getroffen werden.

Da die IPA-Partner ein Interesse an möglichen Einsparungen durch Optimierungen der Planungs- und Bauleistung haben, kann eine entsprechende Anreizvereinbarung hinsichtlich etwaiger Einsparungen durch den NU getroffen werden. Weiterhin sollte geregelt werden, dass die Beauftragung von weiteren Unter-Nachunternehmern durch den NU grundsätzlich nicht gestattet ist. Etwas anderes ist nur im begründeten Ausnahmefall und mit Zustimmung des PMT möglich. Der NU sollte auch eine Preisermittlung für die vertragliche Leistung hinterlegen, wobei in der Kalkulation für sämtliche Gewerke die Herstellungskosten (Einzelkosten der Teilleistungen), die Baustellengemeinkosten, die Allgemeinen Geschäftskosten sowie Wagnis und Gewinn ausgewiesen sein müssen. Dies unterstützt die spätere Prüfung der Angemessenheit der Kosten.

Sofern der NU seitens des Auftragnehmers bereits im Zuge eines Vergabeverfahrens eines öffentlichen Auftraggebers im Wege der Eignungsleihe benannt wurde, muss er sich dazu verpflichten einer Prüfung seiner Abrechnung durch den von der Hauptauftraggeberin beauftragten Wirtschaftsprüfer/Baubetriebsprüfer zuzustimmen. Er gewährt diesem daher Einblick in seine innerbetrieblichen Abrechnungsunterlagen.

Ferner ist daran zu denken, die Nachunternehmer in eine evtl. abgeschlossene Projektversicherung mit einzubeziehen.

VII. Projektvalidierung: Überprüfung auf Realisierbarkeit

Die Projektkonstellation der Integrierten Projektabwicklung bietet für den Auftraggeber die Möglichkeit, zu einem sehr frühen Zeitpunkt eine Validierung seines Projektes durchzuführen.

Ziel einer solchen Validierung ist es, das Projektbudget in Bezug auf die geplante Projektaufgabe auf Auskömmlichkeit zu überprüfen.

Die IPA-Partner erhalten zu Beginn der gemeinsamen Planungsphase zunächst die Aufgabe, die Kosten für Planung und Bau der im Bauherrenprogramm genannten Maßnahmen zu bewerten. Je nachdem, welcher Planungsstand dem Bauherrenprogramm zugrunde liegt, erfordert dies mehr oder weniger eigene Planungsüberlegungen. Es obliegt dem Allianzteam zu entscheiden, welche Daten vorliegen müssen, um zumindest eine grobe Einordnung vornehmen zu können. Für viele Projektarten kann dabei auf Kennwerte zurückgegriffen werden, wobei die den Kennwerten zugrundeliegenden Qualitäten und Randbedingungen offengelegt und dahingehend bewertet werden müssen, ob diese für die vorliegende Aufgabenstellung anwendbar sind. Wird im Rahmen der Bewertung ersichtlich, dass weitere Angaben erforderlich sind, zum Beispiel in Bezug auf den Baugrund, die Erschließung oder andere Einflüsse, so sind entsprechende Untersuchungen anzustellen. Oftmals werden in der Validierungsphase verschiedene Workshops mit unterschiedlichen Teilnehmern durchgeführt, um Ideen für Innovationen und Verbesserungen der Planungslösung zu entwickeln und diese aus verschiedenen Blickwinkeln zu bewerten.

Aus den gewonnenen Erkenntnissen und der vorgenommenen Bewertung erstellt das Projektteam zum vorgesehenen Termin (Meilenstein) einen Validierungsbericht zu den voraussichtlichen Kosten, Terminen und Risiken sowie erforderlichen Genehmigungen und Gestattungen für den Auftraggeber. Die Kostenermittlung kann zB entsprechend DIN 276:2018-12 als Kostenschätzung bis zur 2. Ebene der Kostengliederung erfolgen. Ist aus Sicht der Auftragnehmer eine Einhaltung der Kostenziele nicht möglich, ist der Validierungsbericht mit einer konkreten Begründung der Ursache der Kostenüberschreitung zu erstellen.

Bei einer Kostenüberschreitung kann der Auftraggeber, je nach den vertraglich getroffenen Regelungen, entscheiden:

- das Projekt an dieser Stelle zu beenden, wenn das Ergebnis der Kostenbewertung sein Budget überschreitet,
- das Budget zu erhöhen, wenn die Gründe für die Nichteinhaltung überzeugen oder

- die Fortsetzung der Planungsphase zu beauftragen und in diesem Zuge die Einhaltung der Kostengrenze gemäß Validierungsbericht (sog. Basiszielkosten) unter Einbeziehung möglicher Optimierungen zu fordern.

Sollte zwar das Budget überschritten sein, jedoch eine positive Kostenentwicklung im weiteren Planungsprozess zu erwarten sein, beispielsweise aufgrund von Optimierungsvorschlägen des Allianzteams, kann der Auftraggeber einen Workshop zu Kosteneinsparungen durchführen, um Leistungsinhalte und Budget in Einklang zu bringen. In diesem Rahmen können auch die Projektziele hinterfragt und ggf. überarbeitet werden, so zum Beispiel das Nutzungskonzept.

Der Zeitpunkt innerhalb der Validierungsphase, wann den IPA-Partnern das Budget genannt wird, ist variabel. Die Nennung gleich zu Beginn der Bearbeitung kann den Nachteil haben, dass gute Lösungsansätze aufgrund vermeintlicher Kostenüberschreitung zu schnell verworfen und nicht ausreichend intensiv betrachtet werden.

Da alle IPA-Partner ein großes Interesse daran haben, das Projekt in Planung und Bau umzusetzen, ist eine Beendigung zu diesem frühen Zeitpunkt eher unwahrscheinlich. Gerade durch die gemeinsame Anstrengung, Rahmenbedingungen und Inhalte so in Einklang zu bringen, dass der gemeinsam begonnene Weg weiter beschritten werden kann, entsteht ein hohes Potential für innovative Ansätze bei zugleich optimierter Umsetzung.

Eine Validierung ist somit für alle Auftraggeber sinnvoll, die möglichst früh verlässlich wissen wollen, ob Projektinhalte und Budget zueinander passen. Sie stellt zugleich einen planerischen Zwischenschritt dar, um frühzeitig erkennen zu können, ob die Planungsaktivitäten in die richtige Richtung gehen. Viel früher als in jedem klassischen Projekt kann so Sicherheit gewonnen werden, ob die Ziele umsetzbar sind. Dies ist insbesondere bei privat finanzierten Projekten erheblich, da hier die Realisierung eines Projektes in besonderem Maße von der Finanzierbarkeit abhängt. Zu beachten ist, dass der Anteil des Risikobudgets in dieser frühen Phase aufgrund der vielen offenen Fragestellungen noch recht hoch sein kann.

> An dieser Stelle sei erläutert, dass dieser Schritt im Prozess des TVD → Target Value Design, S. 157 ohnehin immanent ist. Zum ersten Meilenstein des gemeinsamen Iterationsprozesses legen die PITs ihren ersten Bericht vor, in dem eine erste grobe Bewertung von Kosten, Terminen und Risiken basierend auf dem bis dahin erreichten Planungsstand erfolgt. Dies entspricht in weiten Teilen dem Validierungsbericht. Der Unterschied ist, dass an diesen ersten TVD-Meilenstein kein Exit-Recht des Auftraggebers geknüpft ist.

Wird eine Validierungsphase durchgeführt, wird diese zumeist als Phase 1A bezeichnet. An die Validierungsphase schließt als Phase 1B die Fortsetzung der Planung an.

VIII. Building Information Modeling

In Bezug auf Building Information Modelling (BIM) stellt sich immer wieder die Frage: **Bringt IPA BIM zum Fliegen? Oder eher BIM IPA?** Beide Methoden haben viele Gemeinsamkeiten und befördern sich daher gegenseitig. Das IPA-Team kann alle Vorteile der Arbeitsweise BIM[64] vollumfänglich und ohne die in klassischen Projekten zu beklagenden Einschränkungen (Urheberrecht, Rechte an Bauteilkatalogen, Haftungsabgrenzung, Fehlersuche und Blame Kultur) nutzen, um modellbasiert die Planung und Ausführung bestmöglich kollaborativ zu gestalten.

Das modellbasierte Arbeiten ermöglicht

- eine erhöhte Transparenz im Projekt,
- eine erhöhte Kosten- und Planungssicherheit,
- eine Grundlage für weitere Prozesse, wie zum Beispiel den Betrieb,
- eine bessere Zusammenarbeit sowie die Nutzung von Synergieeffekten im Team.

64 Weiterführende Informationen zB in Borrmann/König/Koch/Beetz BIM oder auch Przybylo BIM - Einstieg kompakt.

Als „single source of truth" dient das Modell dem Team als alleinige Datenbasis. Mit vielfältigen Prüfschritten gelingt es, das Modell in einer Qualität zu erstellen, die eine Vielzahl späterer Problemstellungen in Planung und insbesondere Ausführung eliminiert. Die Daten können von allen IPA-Partnern für ihre Belange genutzt werden. Nur einige der möglichen Anwendungsfälle werden nachfolgend benannt:

- Issue Management zur Vervollständigung, Weiterentwicklung und Verbesserung der Planungslösung
- Kommentare zur Verfolgung von Planungsänderungen mit Kosten- oder Terminauswirkungen
- Mengenauszüge für Ausschreibung und Abrechnung
- Darstellung der bereits erstellten Bauteile zur optischen und rechnerischen Ermittlung des Leistungsstandes als wesentliches Element des Controllings
- Aufnahme der Ist-Abmessungen über Scans und Abgleich mit den Soll-Daten
- Ableitung der Aufmaße aus dem As-built-Modell für die Produktion von Bauteilelementen
- Auswahl und Filterung der Daten für das Facility-Management-Modell für den Betrieb

BIM, Lean und IPA verfolgen sehr ähnliche Ziele, ergänzen sich in idealer Weise und unterstützen und fördern eine bessere Zusammenarbeit des Allianzteams von Beginn an. In der Planungsphase legen die Partner auf Basis und in Fortschreibung der auftraggeberseitigen Auftraggeber-Informationsanforderungen (AIA) fest, in welcher Weise das Modell erstellt, koordiniert und geprüft werden soll. Der so gemeinsam entwickelte BIM-Abwicklungsplan (BAP) wird regelmäßig an die sich verändernden Projektanforderungen angepasst und gemeinsam fortgeschrieben. Durch die gemeinsame Festlegung der im Modell mitzuführenden Parameter aller Bauteile wird der Nutzen für alle Beteiligten optimiert.

Die getroffenen Festlegungen werden im BAP dokumentiert und enthalten mindestens folgende Informationen:

- Definierte BIM-Ziele
- Organisatorische Strukturen und Verantwortlichkeiten
- Festlegungen hinsichtlich BIM-Leistungen
- Anforderungen hinsichtlich Informationslieferung
- Softwareanforderungen

Aufwand und Nutzen der verschiedenen Anwendungsfälle werden gemeinsam abgewogen. Durch Einbindung der Nachunternehmer in die Modellumgebung können auch diese das Modell nutzen und ihre Daten beispielsweise zu Herstellprozessen oder Revisionsunterlagen modellbasiert in dem Common Data Environment (CDE, Speicherort von Modell und angehängten Daten) ablegen. Die Prozesse, Rechte und Pflichten aller Vertragspartner erarbeitet zB das PMO Datenmanagement und passt diese fortlaufend an die Bedarfe an. Da diese Arbeitsweise bei den meisten Planungs- und Bauunternehmen noch nicht der Standard ist, wenngleich vielfach entsprechend spezialisierte Abteilungen vorhanden sind, ist es notwendig, sowohl zu den vereinbarten Grundlagen als auch für jeden neuen Anwendungsfall die Teammitglieder zu schulen und sie bei der Umsetzung zu unterstützen. Auch dies obliegt dem PMO. Als Teil dieses PMO agiert das auftraggeberseitige BIM Management und stellt sicher, dass einerseits die erforderliche Prozessqualität sowie andererseits die Anforderungen des Betriebs über das zu liefernde Facility-Management-Modell erreicht werden.

Alle weiteren BIM-spezifischen Rollen werden, wie alle anderen Rollen der IPA auch, nach dem Prinzip „best person for the job" besetzt. Dies ermöglicht es, die Rollen der Fach- und Gesamtkoordination in Planung und Ausführung durch jene Personen der IPA-Partner zu besetzen, die die erforderliche Qualifikation mitbringen. Es ist nicht zwingend erforderlich, dass ein bestimmter IPA-Partner eine bestimmte Rolle besetzt. Viel sinnvoller ist es, die gesamte Aufgabe im Team zu gestalten und zu bewältigen und dabei auch von den Erfahrungen der anderen zu lernen und zu profitieren.

Aufgrund der derzeit in Deutschland noch knappen Ressourcenverfügbarkeit in diesem Spezialgebiet sollte im Zuge der Ausschreibung sichergestellt werden, dass die notwendigen Rollen durch die Leistungszuschnitte abgedeckt sind, um in jedem Fall die erforderlichen Personen im Team vorzufinden.

Das iterative Vorgehen als Folge der gemeinsamen Arbeit am Modell ist für viele Beteiligte noch ungewohnt. Durch die Anwendung der Methode Target Value Design insbesondere in der Planungsphase (→ Target Value Design, S. 157 ist diese Arbeitsweise jedoch ohnehin vorgegeben. Sollten Widerstände im Team entstehen oder der Mehraufwand als nutzlos bewertet werden, ist Überzeugungsarbeit notwendig, um die Vorteile sichtbar zu machen. Werden die Zielkosten zum Ende der Planungsphase mit Bezug zu einem ausreichend detaillierten Modell ermittelt, kann das Allianzteam sicher sein, viele Fehler und Korrekturaufwände vermieden und so die planungsbedingten Risiken erheblich reduziert zu haben.

Die Vielzahl von Abstimmungen und gemeinsamen Entscheidungen führt dazu, dass bei der weiteren Umsetzung erheblich weniger Konflikte, Klärungsbedarfe und damit eventuell Verzögerungen auftreten werden, als in konventionellen Planungs- und Bauprozessen.

„Es war eine spannende Phase, die Phase 1, herausfordernd, aber das Ergebnis ist erreicht. Ich freue mich auf Phase 2, das wird mindestens so herausfordernd. Schulprojekte sind für Schüler, das macht den besonderen Wert aus!“

Björn Cohrs, PMT im IPA-Projekt „Allianz 3 Schulen Bremerhaven“ für die Aug. Prien Bauunternehmung GmbH & Co. KG, NL Bremen

IX. Erkennen und Verfolgen von Chancen und Risiken

Für die IPA ist ein gemeinschaftliches Chancen-Risiko-Management (CRM) aufzubauen und zu etablieren, über das sowohl in der Phase der Zielkostenermittlung als auch in der Ausführungsphase Risiken und Chancen kontinuierlich erfasst, überwacht und fortgeschrieben werden. Durch das gemeinsame Chancen-Risiko-Management soll sichergestellt werden, dass Risiken frühzeitig erkannt, bewertet und gesteuert und gleichzeitig Chancen genutzt werden, um die Projektziele bestmöglich zu erreichen.

Ziel ist es, eine Kultur der gemeinsamen Verantwortung für das Chancen-Risiko-Management zu schaffen und eine offene Kommunikation und Zusammenarbeit zwischen allen IPA-Partnern zu etablieren. Daher sollte das CRM in einer gemeinsamen Datenbank (Tabelle oder Tool) erfolgen.

Über alle Phasen hinweg sind daher die folgenden Schritte und Elemente von Bedeutung und beim Aufsetzen des CRM zu berücksichtigen.

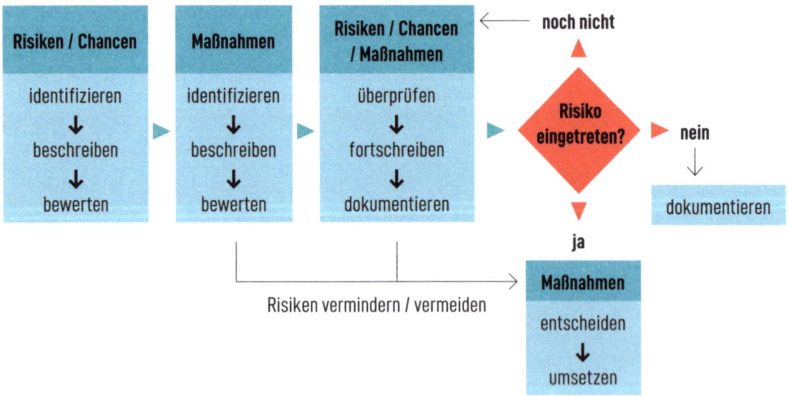

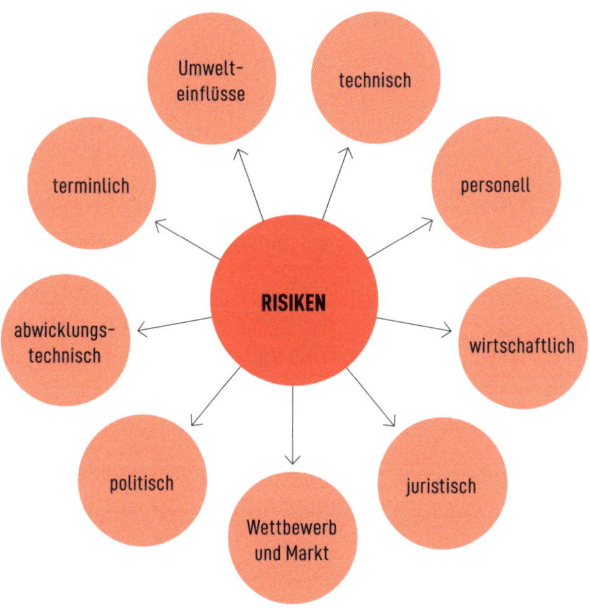

Interne und externe Einflussfaktoren auf das Projekt

Schritt 1: Identifikation und Beschreibung von Chancen und Risiken:

- Gemeinsame Identifikation von potenziellen Chancen und Risiken durch alle Projektbeteiligte in den PITs
- Frühzeitige Einbindung aller Beteiligten, um verschiedene Perspektiven und Expertisen zu entwickeln
- Systematische Analyse und Erfassung von internen und externen Einflussfaktoren auf das Projekt
- Eindeutige Beschreibung der Chancen und Risiken für das gemeinsame Verständnis und Bewertung (Ursache, Auslöser, Auswirkung)

Zur Identifikation von Chancen und Risiken eignet sich die Durchführung von Workshops, in welchen zB anhand oben genannter Einflussfaktoren ein Brainstorming erfolgt.

Schritt 2: Bewertung und Priorisierung:

- Monetäre und terminliche Bewertung der identifizierten Chancen und Risiken hinsichtlich ihrer Eintrittswahrscheinlichkeit und Auswirkungen gemeinsam im PIT
- Gemeinsame Priorisierung der Chancen und Risiken basierend auf den Projektzielen und den gemeinsamen Interessen der IPA-Partner

Schritt 3: Entwicklung von Maßnahmen

- Gemeinsame Entwicklung von Maßnahmen zum Umgang mit Chancen und Risiken (Minimierung und/oder Eliminierung)
- Integration der entwickelten Maßnahmen in die Gesamtplanung des Projekts
- Festlegung von Verantwortlichkeiten und Ressourcen für die Umsetzung der Maßnahmen

Schritt 4: Implementierung und Steuerung

- Umsetzung der festgelegten Maßnahmen
- Kontinuierliche Überwachung der Chancen und Risiken während des gesamten Projektverlaufs
- Regelmäßige Berichterstattung und Kommunikation über den Status von Chancen und Risiken

Für ein standardisiertes Vorgehen in der IPA empfiehlt es sich, ein PMO Risiko einzusetzen. Dieses ist verantwortlich für das Aufsetzen und Implementieren des Chancen-Risiko-Management-Prozesses sowie für die Unterstützung des Teams bei dessen Umsetzung. Zudem hat das PMO Risiko die Aufgabe innerhalb der Allianz ein kontinuierliches Bewusstsein für Chancen und Risiken herzustellen und die regelmäßige Dokumentation sicherzustellen.

Die fachliche Verantwortung für die Identifikation, Bewertung und Steuerung der Chancen und Risiken liegt bei den jeweiligen PITs. Daher sollte das Chancen-Risiko-Management ein fester Bestandteil der Regelkommunikation sein. So werden auch im Rahmen der wöchentlichen Besprechungen (→ Last Planner® System, S. 193) Chancen und Risiken im gesamten Team diskutiert. Die detaillierte Auseinandersetzung mit konkreten Risiken erfolgt dann zB in separaten Workshops.

X. Aufbau und Inhalt des Zielkostenangebotes = Abschluss Phase 1

Die Ermittlung der Zielkosten erfolgt kontinuierlich im Rahmen des → Target Value Design, S. 157 und ist mit Abschluss der letzten Iterationsschleife zu finalisieren, so dass durch das IPA-Team das Zielkostenangebot an den Auftraggeber übermittelt werden kann. Zu jedem Meilenstein einer Iterationsschleife im TVD-Prozess wurde durch die PITs ein TVD-Bericht ausgearbeitet, vom PMT geprüft und mit Anmerkungen zur Weiterführung der Bearbeitung an die PITs zurückgegeben. In entsprechender Weise erstellen die PITs auch den TVD-Bericht zum letzten Meilenstein „Zielkostenangebot" der Phase 1. Wichtig ist, dass dieser Meilenstein zeitlich insofern flexibel ist, dass er erst erreicht sein kann, wenn alle IPA-Partner über den Inhalt des Zielkostenangebotes einig sind und ausreichend Sicherheit haben, das Projekt entsprechend den Inhalten dieses Angebots in der Phase 2 gemeinsam erfolgreich umsetzen zu können.

Der finale TVD-Bericht, der das Zielkostenangebot darstellt, wird zunächst durch das PMT geprüft. Sollten die Inhalte dieses Berichtes, bestehend aus Leistungen, Qualitäten, Kosten, Risiken und Terminen zum aufgestellten Leistungsprogramm, den CoS und dem Budget des Auftraggebers passen, reichen die IPA-Partner den TVD-Bericht als Angebot beim Auftraggeber ein.

Folgende Inhalte und Elemente umfasst das Zielkostenangebot:

- Leistungsprogramm, ua bestehend aus Leistungsbeschreibungen für die einzelnen Gewerke, Übersichtsplänen, Bauteil-Katalog, Ausstattungslisten, Grundrissen, Schnitten, Ansichten, usw
- Überprüfung der Einhaltung der CoS (Reflektion des Teams, Checkliste)
- Schnittstellenliste, anhand derer die Zuweisung der Verantwortlichkeit der Partner für die einzelnen Leistungen erfolgt
- Terminplan mit den für den Auftraggeber entscheidenden Meilensteinen und dem Nachweis der Umsetzbarkeit des Projektes in der dafür vorhandenen Zeit
- Chancen- und Risiko-Register (CRR), ggf. mit Abgrenzung von Risiken, die ausschließlich der Auftraggeber tragen soll
- Zielkosten mit Zuordnung zu den einzelnen Partnern:
  - Herstellkosten
  - Rückstellungen für Chancen und Risiken
  - Beteiligungs-Pool
- ggf. weitere durch den Auftraggeber angeforderte Unterlagen
- Prüfbericht des Wirtschaftsprüfers

Die Hauptbestandteile des Zielkostenangebotes sind daher:

- Zielkosten mit Budgetierung bezogen jeweils auf die Partner
- ggf. abgegrenzte Risiken
- Haupttermine

Das Deckblatt wird durch die Auftragnehmer unterschrieben und zusammen mit den Anlagen und einem Anschreiben dem Auftraggeber zur Prüfung und Beauftragung der Phase 2 eingereicht.

Die Abgabe des Zielkostenangebotes ist somit die letzte Handlung der Phase 1 und stellt zumeist eine sehr intensive Phase dar. Nach Abschluss der Prüfung durch den Auftraggeber kann es entweder zum Abbruch des Projektes (Exit) oder Abruf der Option für Phase 2 (→ Abruf der Ausführungsleistungen durch den Auftraggeber, S. 181) kommen.

SHORT FACTS:

- Der Allianzvertrag ist geschlossen und die IPA-Partner beginnen die gemeinsame Planungsphase mit dem Ziel, die Planung bis zur Genehmigungsfähigkeit zu erarbeiten und dem Auftraggeber ein Zielkostenangebot zu unterbreiten.

- Zu Beginn der gemeinsamen Projektarbeit finden im PMT, SMT und für das Projektteam umfangreiche Kick-Off-Workshops statt. Diese dienen dem gegenseitigen Kennenlernen, dem Einstieg ins Projekt, der Definition gemeinsamer Strukturen sowie dem Training der Methoden und Tools für die IPA.

- Die gemeinsame Arbeit findet von Beginn an in der Colocation statt. Der IPA-Coach unterstützt das Team auf dem Weg zu einer offenen, vertrauensvollen und wertschätzenden Projektkultur. Das Projektteam definiert gemeinsam Werte für die Zusammenarbeit, die in der Projektcharta festgehalten werden. Als Zeichen der Zustimmung unterzeichnen alle Projektbeteiligten die Charta, die anschließend in der Colocation sichtbar aufgehängt wird.

- Die Bearbeitung der Planungsaufgabe erfolgt mit der Lean-Methode Target Value Design (TVD). Das TVD fördert in der Planungsphase Innovationen und kreative Lösungsansätze mit einem starken Fokus auf Kundenziele und Budgeteinhaltung. Grundlage des TVD sind die Conditions of Satisfaction (CoS) des Auftraggebers und des Nutzers. Mithilfe des

TVD entwickelt das Team gemeinsam diejenige Planungslösung, die den größtmöglichen Wert im Hinblick auf die Ziele bei zugleich optimierten Ressourceneinsatz liefert.

- Eine gemeinsame Datenbasis, auf die alle Projektbeteiligten jederzeit zugreifen können, gewährleistet einen bestmöglichen Informationsaustausch und Transparenz.
- Lean und BIM unterstützen die integrale und kollaborative Zusammenarbeit in der IPA. Lean, BIM und IPA ergänzen und befördern sich gegenseitig, da sie ähnliche Ziele verfolgen.
- Das modellbasierte Arbeiten mit BIM ermöglicht Kollaboration, Transparenz sowie Kosten- und Planungssicherheit. Das Modell kann auch für den anschließenden Betrieb genutzt werden.
- Mit einer Regelkommunikationsstruktur werden die Abstimmungen im Team terminlich fest definiert und standardisiert. Die Austausch- und Abstimmungstermine gibt es für alle Projektebenen, jeweils mit einem festgelegten Teilnehmerkreis.
- Team-Events und Workshops zum Teambuilding, zur Team-Entwicklung sowie zur Erwartungsklärung und Reflektion fördern das Zusammenwachsen des Teams.
- Über ein gemeinsames Chancen-Risiko-Management werden Risiken und Chancen in einer Datenbank kontinuierlich erfasst, bewertet, gesteuert und fortgeschrieben.

- Das Last Planner® System ist eine Methode zur kollaborativen, kurzzyklischen Aufgaben- und Terminplanung und sollte so früh wie möglich im Projekt implementiert werden. Es wird für die Prozesssteuerung in der Planung und Ausführung angewendet.

- Als Ergebnis des Planungsprozesses in Phase 1 erstellen alle Auftragnehmer gemeinsam das Zielkostenangebot. In diesem sind Angaben zu Leistungen, Qualitäten, Kosten, Risiken und Terminen unter Erfüllung der CoS enthalten. Bei positiver Angebotsprüfung durch den Auftraggeber erfolgt der Abruf der Option für Phase 2. Anderenfalls kann der Auftraggeber in begründeten Fällen auch den Exit wählen und das Projekt beenden.

- Zur Beistellung von Lieferungen und Leistungen können die IPA-Partner Nachunternehmer einsetzen. Vertragspartner des Nachunternehmers wird derjenige Auftragnehmer, dem die Lieferungen und Leistungen nach dem Allianzvertrag zugeordnet sind. Über die Vergabe entscheidet das PMT gemeinsam.

- Die Beauftragung der ausgewählten Nachunternehmer erfolgt auf der Basis einheitlicher IPA-Nachunternehmerbedingungen, die kulturelle Aspekte sowie die kollaborative Arbeitsweise unter Anwendung von BIM und Lean regeln.

E

Bauphase

Phase 2
Bauphase

In der Projektrealisierungsphase beginnen die eigentlichen Bauleistungen. Die Planungsleistungen sind weitestgehend abgeschlossen und das Team hat eine klare Vorstellung, wie die Bauaufgabe bestmöglich realisiert wird.

I.
Abruf der Ausführungsleistungen durch den Auftraggeber

Der Abruf der Leistungen für die Phase 2 erfolgt in rechtlicher Hinsicht durch die Annahme der Angebote der Auftragnehmer durch den Auftraggeber. Mit der Erstellung des Zielkostenangebotes (→ Aufbau und Inhalt des Zielkostenangebotes, S. 175), inklusive Terminplan und Risikobewertung unterbreitet sowohl jeder einzelne Auftragnehmer für seinen Leistungsanteil, aber auch alle Auftragnehmer gemeinsam dem Auftraggeber das Angebot, die Bauleistung zu den vorgegebenen Konditionen zu realisieren. Damit haben sie die optional bereits beauftragten Bauleistungen ausgestaltet, sodass der Auftraggeber, der diesen Ausgestaltungsprozess bereits wesentlich mitgestaltet hat, die jeweiligen Angebote in ihrer Gesamtheit annehmen kann. Für die Annahme sollte entweder eine bestimmte Annahmefrist vereinbart worden sein oder aber die Auftragnehmer erklären sich an ihr Angebot nur für eine bestimmte Dauer gebunden. Dies ist deswegen notwendig, weil die ermittelten Zielkosten und Risiken sich naturgemäß mit weiterer Zeitfortschreibung ändern.

Je nach Organisation und vorangegangener Einbindung des Auftraggebers kann dieser Abrufzeitraum höchst unterschiedlich lange ausfallen. Es sollte daher darauf geachtet werden, dass im Team in diesem Zeitraum kein Leerlauf entsteht. Es bietet sich an, in diesem Zeitraum entweder die Planungsleistungen fortzusetzen und über die Vergütungsregelungen für die Planungsphase noch weiterhin abzurechnen oder aber bereits mit vorgezogenen Bauleistungen zu beginnen, was ausdrücklich nicht mit dem Abruf der Option für sämtliche Bauleistungen gleichzusetzen ist. Hierfür ist eine individuelle und gesonderte Regelung auch hinsichtlich der Vergütung erforderlich.

Sollte das Team in Phase 1 besondere Ziele[65] des Auftraggebers identifiziert haben, für die dieser eine besondere Vergütung ausloben möchte, sind diese als sog. Key Performance Indicators (KPI) zu definieren und die Höhe des Bonus sowie dessen Verteilung auf die Partner festzulegen und – besonders wichtig – die genauen Bedingungen zu formulieren, die eintreten müssen, damit der Bonus verdient wird. Diese Ziele können neben den CoS (→ Conditions of Satisfaction, S. 52) zusätzlich definiert werden oder auch einzelne Ziele der CoS besonders herausstellen. Da es sich hierbei um ein Angebot des Auftraggebers an das Team handelt, ist dieser Aspekt des Optionsabrufs durch den Auftraggeber ergänzend auszugestalten und in den meisten Fällen nicht bereits Inhalt des Zielkostenangebots.

„Bis 2026 sollen zwei ICE-Instandhaltungswerke in Cottbus entstehen. IPA war der Schlüssel zum Erfolg, dass bereits Anfang 2024 das erste Teilprojekt, die zweigleisige Instandhaltungshalle, nach ca. 20 Monaten Bauzeit termingerecht und im Kostenrahmen fertiggestellt werden konnte. Die größte Herausforderung besteht darin, den Kollaborationsgedanken und den Fokus auf das Gesamtprojekt bei allen Beteiligten zu fördern.“

Dipl.-Ing. Lars Hoffmann,
DB Fahrzeuginstandhaltung GmbH,
Teilprojektleiter „Neues Werk Cottbus“,
PRT-Leiter

65 Schlabach Project Alliancing S. 44 ff.

II.
Gute Teambeziehungen und Mitarbeitereinbindung

In der IPA sind gute Teambeziehungen und die Einbindung aller IPA-Partner und Beteiligten von entscheidender Bedeutung. Sie erfordern einen ganzheitlichen Ansatz, der sowohl die menschlichen als auch die fachlichen Aspekte berücksichtigt. Indem eine positive und unterstützende Arbeitsumgebung geschaffen wird, kann das volle Potenzial des Teams entfaltet und der Projekterfolg gefördert werden.

Nachfolgend sind einige bewährte Methoden, mit deren Anwendung eine positive Teamdynamik und eine effektive Mitarbeitereinbindung in der IPA gefördert wird, beschrieben, für deren Umsetzung in der Budgetplanung entsprechende Aufwände zu berücksichtigen sind:

► **Gemeinsame Werte und Ziele im Blick behalten**

Zu Beginn der IPA wird die Projektcharta gemeinsam erarbeitet und als gemeinsames Wertebild vereinbart. Im Laufe des Projektfortschrittes kommt es immer wieder zu Situationen, insbesondere Stresssituationen, in denen es zu "kulturell unerwünschten" Verhaltensweisen kommen kann. Es ist daher wichtig, dass die Projektcharta im Blickfeld der Beteiligten bleibt, um in diesen Momenten auf die Werte schauen und diese mit den Projektbeteiligten besprechen zu können. Analog verhält es sich mit den Zielen, den CoS, die ebenfalls nicht aus den Augen verloren werden dürfen und auch in der Phase 2 von Relevanz sind. Die Erreichung der Ziele spielt für den Erfolg des Teams die Erfüllung des Kundenwunsches eine entscheidende Rolle und wirkt sich daher auf die Zufriedenheit und Beziehungen innerhalb des IPA-Teams aus. Wird regelmäßig dargestellt, dass oder inwieweit die Ziele bereits erreicht werden, ist dies ein Erfolg, der sich auch in einer positiven Stimmung des Teams niederschlägt.

Teamtraining und -entwicklung durchführen

Eine Investition in Teamtrainings und Workshops durch den IPA-Coach oder auch durch externe Berater kann die Zusammenarbeit und die Fähigkeiten der Teammitglieder stärken. Insbesondere die Förderung des Verständnisses für die verschiedenen Rollen, Erwartungen und Verantwortlichkeiten im Team können das Zusammenwirken des Teams auf ein anderes Niveau heben.

Umgang mit Konflikten und Etablieren einer Fehlerkultur

Erforderlich ist die Implementierung von effektiven Mechanismen für das Konfliktmanagement, um Unstimmigkeiten frühzeitig zu erkennen und zu lösen. Für die Verbesserung der Konfliktkultur können verschiedene methodische Ansätze zum Einsatz kommen:

- Onboarding für alle Projektbeteiligten: Unabhängig davon, zu welchem Zeitpunkt die Mitarbeiter der Partner oder der Nachunternehmer in Planung und Ausführung sowie auch die auftraggeberseitigen Beteiligten ins Projekt kommen, bringt ein sofortiges Kennenlernen des Teams, die Einführung in die integrale Arbeitsweise mit den Rollenprofilen, den Organisationsstrukturen und den Entscheidungswegen ein besseres Verständnis der neuen Arbeitsweise mit sich und weckt damit zugleich die Bereitschaft für den Veränderungsprozess
- Trainings für alle Beteiligten auf allen Ebenen zu Feedbackkultur, Kommunikation, Lean Methoden, BIM Grundlagen, direkte Coaching-Impulse im Rahmen der Moderation
- Regelmäßige Teambuilding-Aktivitäten
- Wertschätzendes Offboarding für Projektbeteiligte, die - aus welchen Gründen auch immer - das Projekt verlassen

> **„Es werden 3 tolle Schulen, die wir gemeinsam mit den Partnern realisieren. Manchmal ist es sehr komplex und anstrengend, aber es macht großen Spaß!“**
>
> **Dominika Gnatowicz,** PMT im IPA-Projekt „Allianz 3 Schulen Bremerhaven“, Director bei gmp Architekten von Gerkan, Marg und Partner

Zur Konfliktlösung zwischen Einzelpersonen oder Gruppen kann beispielsweise folgendermaßen vorgegangen werden:

- Individuelles Coaching der einzelnen Beteiligten
- Reflektionen in Einzelgesprächen oder Gruppengesprächen zur Sichtbarmachung von Zielkonflikten – auch mit den Mutterorganisationen
- Konfliktlösung - bereits bei geringer Intensität des Konfliktes
- Einbeziehung eines Sounding-Boards oder anderer Ebenen zur Unterstützung der Reflektion und Lösungsfindung
- Vereinbarung konkreter Verhaltensänderungen mit Follow-up-Terminen zur Bewertung der Entwicklung
- Jederzeit gesichtswahrender Umgang miteinander

Erfolge feiern

Es ist sehr wichtig, Erfolge und erreichte Meilensteine im Projekt zu feiern, um das Team zu motivieren und die gemeinsamen Anstrengungen zu würdigen. Es können zum Beispiel größere Feste zu besonderen Anlässen, wie dem erfolgreichen Abschluss der Phase 1 und der Beauftragung der Phase 2 organisiert werden. Aber auch darüber hinaus gibt es zahlreiche Gelegenheiten in einer IPA für regelmäßige, informelle Zusammenkünfte, um den Teamgeist zu stärken. Dafür ist eine gut ausgestattete Colocation (beispielsweise mit einer großen Küche oder einem Grill) hilfreich.

III. Projekt-Dashboards

Befindet sich ein Projekt auf dem richtigen Pfad oder kommt es vom Kurs ab? Diese Frage spielt auch bei IPA-Projekten eine zentrale Rolle.

- **Wie können daher relevante Informationen zielgerichtet und transparent zur Verfügung gestellt werden, damit ein Projekt aktiv gesteuert werden kann?**

Eine geeignete Möglichkeit stellen Projekt-Dashboards dar.

Richtig angewendet können Dashboards als eine Art Cockpit eines Projektes genutzt werden. Sie dienen der Visualisierung von quantitativen und qualitativen Daten auf einer zumeist grafischen Oberfläche. Ein gut strukturiertes Dashboard ermöglicht es, den Projektstatus auf den ersten Blick erkennen und jederzeit nachverfolgen zu können. Es sollten sich wesentliche Indikatoren für die Steuerung des Projektes frühzeitig identifizieren lassen, um auf dieser Basis schnelle Entscheidungen treffen und Maßnahmen zu Nachjustierung ergreifen zu können. Bei der Erstellung eines Projekt-Dashboards stellt sich daher immer die Frage, welche Daten für die Steuerung eines Projektes relevant sind und dementsprechend erfasst und verarbeitet werden sollten. Dies hängt im Wesentlichen von zwei Faktoren ab[66]:

- **Welche Ziele wurden für das Projekt definiert?**
- **Wer nutzt das Dashboard als Steuerungsinstrument?**

Mit den Conditions of Satisfaction (CoS) legt der Bauherr in einem IPA-Projekt den ersten Grundstein für die Frage, was Projekterfolg bedeutet und welche Rahmenbedingungen für die Projektziele gelten. Die CoS legen die Arbeitsrichtung des Teams fest und dienen als Entscheidungsgrundlage im gesamten Projektverlauf. Das PMT als Steuerungsebene eines IPA-Projektes ist dafür verantwortlich, das Projekt auf Kurs zu halten. Es stellt dabei die führende Entscheidungsebene im Projekt dar. Somit liegt

66 Allison/Ashcraft/Cheng/Klawans/Pease Integrierte Projektabwicklung S. 99.

es auch in der Verantwortung des PMT, in einer der ersten Projektbesprechungen festzulegen, welche Daten und Kennzahlen auf dem Projekt-Dashboard abgebildet werden sollten, um das Projekt erfolgreich steuern und das Erreichen der Projektziele sicherstellen zu können.

Gerade in IPA-Projekten, in denen eine gute Zusammenarbeit der integralen Teams entscheidend für den Projekterfolg ist, sollte das Augenmerk neben klassischen Projektkennzahlen auch auf „weiche" Indikatoren gelegt werden. Indikatoren wie Teammoral, Kooperationsbereitschaft und Innovationspotential können an dieser Stelle beispielhaft als wichtige Erfolgsfaktoren im Projekt genannt werden.[67]

Das Projekt-Dashboard sollte fester Bestandteil der regelmäßigen PMT-Besprechungen sein. Sollten beim Blick auf das Dashboard Abweichungen im Projekt festgestellt werden, sind entsprechende Maßnahmen mit einem bestimmten Zeitrahmen und einer klaren Verantwortlichkeit zur Lösung des Problems festzulegen.

► **Welche Kennzahlen helfen dem Team, das gemeinsame Agieren bestmöglich auf die Projektziele auszurichten?**

Indikator	**Wert**	**Veränderungstendenz**
Kosten	105.000.235 EUR	↓
Beteiligungs-Pool	+7.569.800 EUR	↑
Prozessstabilität	82 %	→
Arbeitssicherheit	++	↗
Issue Management	623 gesamt / 33 offen	↘
Stimmung im Team	++	↗

Beispielhafte Kennzahlen

67 Allison/Ashcraft/Cheng/Klawans/Pease Integrierte Projektabwicklung S. 100.

Nachdem festgelegt wurde, welche Kennzahlen auf dem Dashboard abgebildet werden sollen, ist zu identifizieren, welche Daten dafür erforderlich sind, mit welcher Methode sie erfasst und durch welche PITs oder PMOs sie bereitgestellt werden können. Es empfiehlt sich, für die Datenerhebung und Verarbeitung einen Prozessverantwortlichen im Projekt zu bestimmen. Dies kann auch in Form eines PMOs geschehen, welches sich im Laufe des gesamten Projektes um die Pflege des Dashboards kümmert und sicherstellt, dass die notwendigen Daten rechtzeitig bereitgestellt und verarbeitet werden.

Beispielsweise kann ein Dashboard mit den Datenquellen direkt verknüpft und als Startseite für alle Mitarbeiter im Projekt eingerichtet werden.

Sowohl bei der Erhebung als auch bei der Verarbeitung der Daten gilt es, Komplexität zu vermeiden. Die Datenerhebung darf für die Projekt-Teams keinen Mehraufwand verursachen. Die Projekt-Teams sollen sich auf ihre Kernaufgaben konzentrieren und nicht mit der Sammlung von Daten beschäftigt sein. Auch das Dashboard sollte übersichtlich bleiben und nicht mit Informationen überladen werden. Es geht vor allem darum, aussagekräftige Kennzahlen, die schnell und einfach zu verstehen sind, abzubilden.[68]

68 Allison/Ashcraft/Cheng/Klawans/Pease Integrierte Projektabwicklung S. 102.

Das Dashboard soll dabei ein visuelles Steuerungsinstrument bleiben. Im Sinne der Lean Prinzipien darf keine Verschwendung in Form von Overprocessing entstehen.

Die Daten im Dashboard müssen tagesaktuell dargestellt werden. Nur dann vertraut das Team den Daten.

Auch wenn das Dashboard als Steuerungsinstrument des PMT zu verstehen ist, sollte es für das gesamte Projekt-Team einsehbar sein. Idealerweise wird es in der Colocation sichtbar für alle Mitarbeiter des Projektes angebracht. Einerseits können dadurch die Transparenz und das gegenseitige Vertrauen positiv beeinflusst werden. Andererseits kann das Dashboard den Projekt-Teams dabei helfen, ihre eigene Arbeit zu reflektieren und sich mit eigenen Verbesserungsvorschlägen aktiv einzubringen.

Bei der Darstellung von Daten auf dem Dashboard sind rechtliche Vorgaben zu beachten. Insbesondere ist der Datenschutz von Relevanz. Persönliche Daten wie zum Beispiel Geburtstage oder Jubiläen erfordern das Einverständnis der betreffenden Personen. Dieses ist schriftlich einzuholen. Sollen nicht nur Projektdaten auf dem Dashboard dargestellt werden, so empfiehlt es sich, die Datenschutzbeauftragten aller IPA-Partner einzubinden und entsprechende Regelungen abzustimmen.

IV.
Lean in der Ausführung

Das Lean Construction Management bietet auch für die Ausführungsphase zahlreiche Werkzeuge, um schlanke Prozesse und eine optimierte Zusammenarbeit im Team zu erreichen. Dabei steht im Fokus, beste Arbeits- und Umgebungsbedingungen für die Menschen auf der Wertschöpfungsebene zu erreichen und zugleich die Kundenanforderungen zu erfüllen. Einige dieser Methoden werden hier vorgestellt.

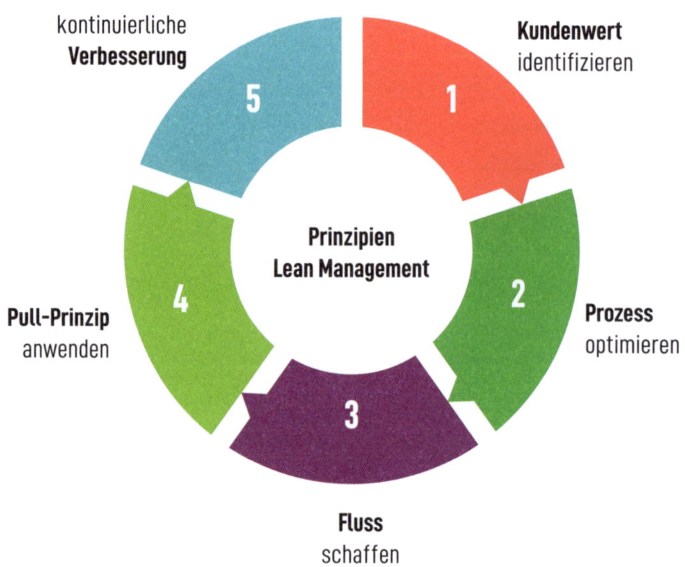

5 Prinzipien des Lean Managements

1. Bauablaufplanung und Terminsteuerung

Unabhängig von der Art der Projektabwicklung gehören bei komplexen Bauprojekten die Bauablaufplanung und die Terminsteuerung zu den wichtigsten Aufgaben des Projektmanagements. Auch in der konventionellen Bauablaufplanung wird der Terminplan in der Regel stufenweise aufgebaut. Ausgehend von einem Rahmenterminplan werden je nach Projektfortschritt und Informationsstand Steuerungsterminpläne und Detailablaufpläne erstellt, die dann als Grundlage für die Vereinbarung von Vertragsterminen dienen. Baulogistische Zwänge, ungelöste Schnittstellen, Kapazitätsengpässe sowie fehlende oder verspätete Plan- und Materiallieferungen führen jedoch regelmäßig dazu, dass diese Termine nicht eingehalten werden. Behinderungssachverhalte, gestörte Bauabläufe und lange Verhandlungen zu Bauzeitenverlängerungen gehören daher zum Alltag in konventionell abgewickelten Bauprojekten.

Genau hier setzt die Integrierte Projektabwicklung in Verbindung mit Lean Management an. Auf der einen Seite stellt der Vertrag die Grundlage für alle IPA-Partner dar, um kooperativ, transparent und lösungsorientiert zusammenarbeiten zu können. Auf der anderen Seite unterstützen die Methoden des Lean Managements, allen voran das Last Planner® System, die kollaborative Bauablaufplanung mit einem gemeinsamen Projektverständnis und gemeinsamen Zielen. Das Zusammenspiel aus Lean und agil ermöglicht es den Projektbeteiligten, Planungs- und Bauabläufe zu entwickeln, die einen ausreichend hohen Grad an Terminstabilität aufweisen und

„Auch in der IPA läuft das Bauen nicht ohne Leistungsänderungen, Mängel und Störungen im Bauablauf, nur dass wir anstatt Schriftverkehr zu erzeugen, gemeinsam an Lösungen arbeiten. Dabei sind die für uns neuen Methoden wie LEAN und BIM unverzichtbar geworden.“

Dirk Thies, PMT im IPA-Projekt „Allianz 3 Schulen Bremerhaven“ für die Bremerhavener Gesellschaft für Investitionsförderung und Stadtentwicklung mbH

Kathrin Wegner, PMT im IPA-Projekt „Allianz 3 Schulen Bremerhaven“ für die Bremerhavener Gesellschaft für Investitionsförderung und Stadtentwicklung mbH

gleichzeitig flexibel genug sind, um auf unvorhergesehene Ereignisse, sich ändernde Anforderungen oder eine Verschiebung der Prioritäten reagieren zu können. Das Last Planner® System ersetzt somit die konventionelle Bauablaufplanung und Terminsteuerung. Als Werkzeug können neben den haptischen Boards, die sich im Big Room der Colocation befinden und als terminliche Steuerungszentrale des Projektes dienen, zusätzlich digitale Lean Construction Tools eingesetzt werden, die mittlerweile zahlreich am Markt verfügbar sind.

Die Erfahrungen aus den ersten Pilotprojekten in Deutschland haben gezeigt, dass die Implementierung einer zentralen „Terminsteuerung" auch in IPA-Projekten notwendig ist. Anders als bei konventionellen Projekten wird dieses Arbeitsgremium jedoch aus dem Projekt heraus gebildet und integral besetzt. Dies kann zum Beispiel in Form eines Terminplanungs-PITs erfolgen, welches im Idealfall aus den Terminplanern der einzelnen IPA-Partner besteht und zusätzlich durch einen Lean Manager[69] unterstützt werden kann.

Aufgabe eines solchen Terminplanungs-PITs ist es unter anderem, projektübergreifend für die ordnungsgemäße Umsetzung des → Last Planner® System, S. 193 zu sorgen, die Informationen aus den einzelnen Teams zusammenzutragen und diese transparent zur Verfügung zu stellen.[70] Für besonders komplexe Projekte können die Abläufe aus dem Last Planner® System zudem auch in einen verknüpften Netz- oder Balkenplan übertragen werden, um ein weiteres Analyse- und Steuerungsinstrument an der Hand zu haben. Es ist jedoch davon abzuraten, bei einem solchen Terminplan zu sehr ins Detail zu gehen, da dieser lediglich als unterstützendes Tool eingesetzt werden sollte. Grundlage könnte zum Beispiel der Meilenstein- und Phasenplan sein. Entscheidet man sich dafür, einen Netz- oder Balkenplan einzusetzen, sollte unbedingt darauf geachtet werden, dass alle wesentlichen Schnittstellen zwischen den Gewerken definiert und abgebildet werden, so dass auch kritische Pfade und Engpässe abgelesen werden können. Der Terminplan sollte jedoch nicht das Last

69 Siehe auch Rodde Kooperative Terminsteuerung S. 133 ff.
70 zur Rollenbeschreibung siehe auch Enge/Rodde Lean Termin Management.

Planner® System ablösen. Detailabstimmungen, tagesscharfe Planungen sowie die „Terminsteuerung" sollten weiterhin im Rahmen der wöchentlichen Reflektion sowie der Vorschauplanung stattfinden. Daneben steht es den IPA-Partnern frei, eigene Detailabläufe zu erstellen und die Informationen daraus in das Last Planner® System einfließen zu lassen.

2. Last Planner® System

Für die Aufgaben- und Terminsteuerung wird bei der Abwicklung von IPA-Projekten das Last Planner® System angewendet. Die Methode dient der kollaborativen Ablaufplanung und -steuerung und kann in allen Phasen des Projektes genutzt werden. Wird es zum frühestmöglichen Zeitpunkt im Projekt implementiert und konsequent auf einem möglichst hohen Reifegrad eingesetzt, können die Vorteile vollständig ausgeschöpft werden.

Durch das Last Planner® System werden die folgenden Lean Prinzipien umgesetzt[71]:

► **Kundenfokus**
Alle Tätigkeiten werden auf den Kunden ausgerichtet. Dabei geht es nicht nur um den Endkunden, sondern auch um die „Kunden" innerhalb der Prozesskette. Dies können zum Beispiel Nachfolgegewerke sein, die definieren, in welcher Qualität und zu welchem Zeitpunkt sie eine Vorleistung benötigen, um ihre Leistung ausführen zu können.

► **Wertstrom**
Durch die kollaborative Planung aller Prozessbeteiligten sollen die Abläufe mit Blick auf den Kundenwert analysiert und optimiert werden. Dabei werden wertschöpfende von nicht wertschöpfenden Tätigkeiten unterschieden. Ziel ist es, wertschöpfende Tätigkeiten zu priorisieren, notwendige Tätigkeiten zu minimieren und Verschwendung zu eliminieren.

► **Fluss**
Für einen reibungslosen Ablauf aller Tätigkeiten ist der optimierte Prozess unter Berücksichtigung der gesamten Wertschöpfungskette in einen

71 German Lean Construction Institute (GLCI) Lean Construction S. 6 ff.

kontinuierlichen Fluss zu bringen. Mit dem Ziel Verzögerungen, Defekte, Lagerbestände sowie Ausfall- und Wartezeiten zu vermeiden oder zu minimieren, sollte der Fokus dabei stets auf dem Gesamtprojekt liegen.

Pull

Die Ausrichtung auf den Kundenwert ermöglicht eine bedarfsgesteuerte Prozessplanung „von hinten nach vorne". Die letzte Station in der Prozesskette fordert die Leistung von der vorhergehenden Station an. Somit entscheidet immer das nachfolgende Gewerk über die Notwendigkeit und den Zeitpunkt der Leistungserbringung seines Vorgängers - der Informationsfluss läuft entgegen dem Produktionsfluss.

Kontinuierliche Verbesserung

Ein zentraler Bestandteil der Lean Philosophie ist das Streben nach Perfektion. Dabei gilt es, definierte Abläufe und Prozesse sowie die Umsetzung der vorangegangenen Lean Prinzipien stets zu hinterfragen und kontinuierlich zu verbessern.

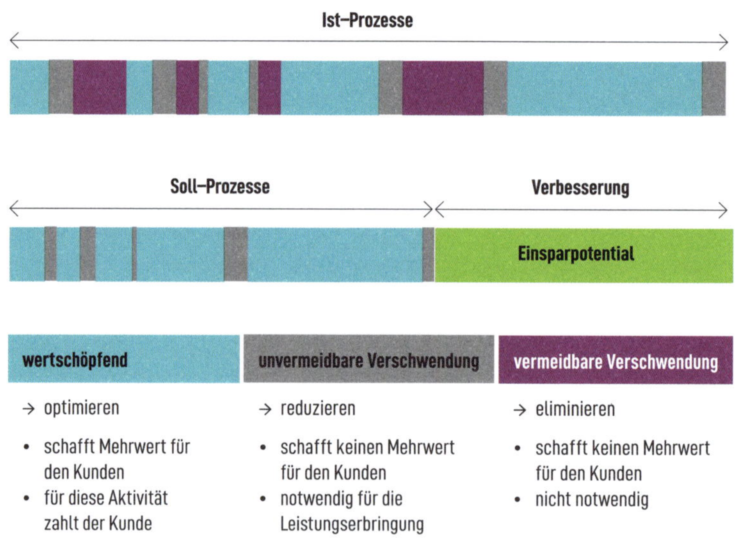

Prozessoptimierung mit Lean Management

Bei der Anwendung des Last Planner® Systems werden unterschiedliche Betrachtungsebenen durchlaufen, beginnend bei einer sehr groben Ebene, um einen Gesamtüberblick über das Projekt zu erhalten (Gesamtprozessanalyse = GPA), über eine Planung von Aufgabenpaketen zwischen Meilensteinen (Meilenstein- und Phasenplanung = MPP) bis hin zu einer tagesscharfen Planung aller Tätigkeiten im Projekt (zB 6-Wochen-Vorschau). Entscheidend ist es, die Prozessverantwortlichen auf der Wertschöpfungsebene, die so genannten „Last Planner®", in den Prozess zu involvieren. Sie sind für die Erbringung der Leistungen – sowohl in der Planung als auch in der Ausführung – verantwortlich und haben das notwendige Wissen über Abhängigkeiten und Schnittstellen, erforderliche Vorleistungen und Ressourcen sowie die Dauer der einzelnen Vorgänge.

> **„ Durch die integrale Besetzung der PITs konnten wir von Stunde Null weg erreichen, dass alle Beteiligten in gleicher Verantwortung und Mitarbeit in allen Phasen eines Projekts bis zum Endergebnis kollaborativ mitwirken. Dadurch konnten viele Themen bereits vor Ausführung geklärt werden und in die Planung einfließen, so dass wir nicht nur die größten Skeptiker vom Mehrwert der partnerschaftlichen Zusammenarbeit überzeugt haben, sondern neben gemeinsamer Verantwortung entstand auch ein gegenseitiges Verständnis für die Arbeitsweisen und Inhalte der anderen Partner, welche in der "alten Welt" bislang ein Buch mit sieben Siegeln waren. "**
>
> **Andreas Tremmel,** PMT im IPA-Projekt „Allianz 3 Schulen Bremerhaven" für die Lindner SE, Ausbau

Folgende Ziele werden mit dem Last Planner® System verfolgt:

- **Prozessstabilität**
- **Terminsicherheit**
- **Transparenz**
- **Kommunikation**
- **Informationsfluss**
- **Kontinuierliche Verbesserung**

Richtig umgesetzt, kann aus dem Last Planner® System ein vollständiger Ablauf- bzw. Terminplan sowie der Personal-, Material- und Geräteeinsatz abgeleitet werden. Das Last Planner® System besteht aus fünf Elementen, die in der folgenden Abbildung schematisch dargestellt sind.[72]

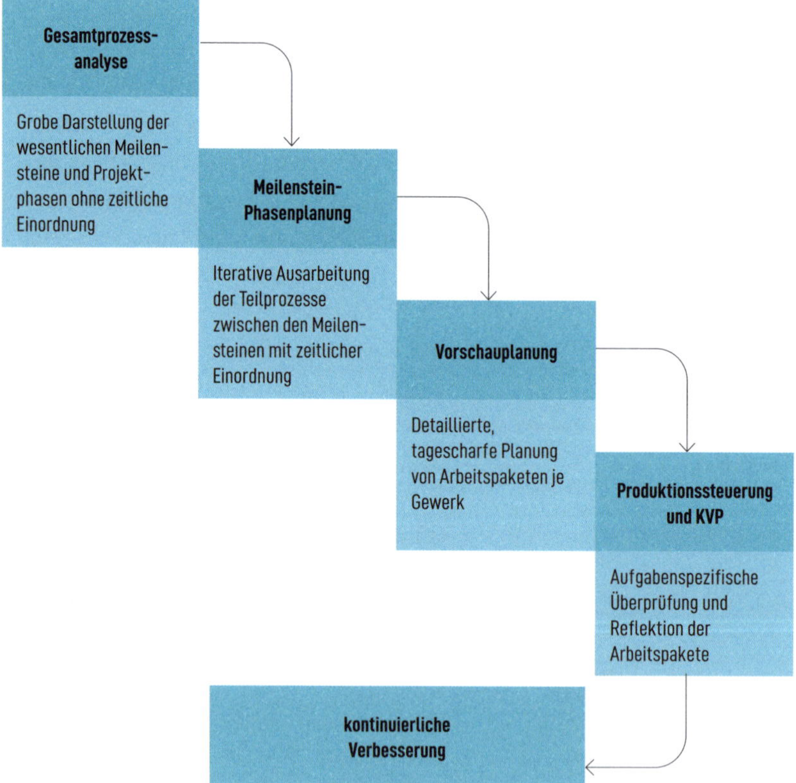

Stufenweise Planung mit dem Last Planner® System

72 Ballard Last Planner® System S. 3 ff.

Schritt 1: Gesamtprozessanalyse (GPA)

Im ersten Schritt des Last Planner® Systems wird mit Hilfe der Gesamtprozessanalyse der grobe Rahmen für das Projekt abgesteckt. Die Teilnehmer der Gesamtprozessanalyse bleiben dabei auf Meilenstein- und Phasenebene, um einen gesamthaften Überblick über das Projekt zu erhalten und ein gemeinsames Verständnis für alle Teilprozesse zu erzeugen. Gleichzeitig sollen kritische Prozessschritte, limitierende Projektfaktoren und mögliche Hindernisse durch die Prozesseigner identifiziert werden. Im Ergebnis entsteht eine Visualisierung des Gesamtprozesses mit definierten Meilensteinen und Projektphasen, die als Grundlage für die weiteren Schritte im Last Planner® System dienen.

► **Betrachtungsebene:**
Grobe Darstellung der wesentlichen Meilensteine und Projektphasen ohne zeitliche Einordnung → **Gesamtprojekt**

► **Durchführung:**
- Definition von Meilensteinen und Projektphasen
- Grobe Abfolge der Prozesse und Teilprozesse
- Identifikation von Schnittstellen und Abhängigkeiten

► **Ziele:**
- Gesamtüberblick
- Gemeinsames Verständnis

Schritt 2: Meilenstein- und Phasenplanung (MPP)
Auf Basis der Gesamtprozessanalyse wird im Rahmen der Meilenstein- und Phasenplanung der Produktionsprozess in der Regel für den Zeitraum zwischen zwei Meilensteinen gemeinschaftlich durch die sogenannten Prozesseigner erarbeitet. Hierbei empfiehlt es sich, wochenscharf und gewerkeweise vorzugehen. Dem Pull-Prinzip folgend erfolgt die Meilenstein- und Phasenplanung rückwärts, also von hinten nach vorne, wodurch eine kundenorientierte und bedarfsgesteuerte Planung ermöglicht wird. Durch die zeitliche Einordnung der einzelnen Prozessschritte kann nun verifiziert werden, ob die gemeinschaftlich vorgenommene Planung innerhalb des zeitlichen Rahmens umgesetzt werden kann oder Optimierungen erforderlich werden. Da der Produktionsprozess immer nur für den Zeitraum zwischen zwei Meilensteinen erarbeitet wird, ist die Meilenstein- und Phasenplanung als iterativer Prozess zu verstehen, der sich im Projektverlauf je nach gewähltem Betrachtungszeitraum kontinuierlich wiederholt. In der Praxis hat sich ein Zeitraum von ca. sechs Monaten, der zwischen den zu betrachtenden Meilensteinen liegen sollte, als effizient und umsetzbar erwiesen. Als Ergebnis sollten weitere Zwischenmeilensteine identifiziert werden, die dann als Grundlage für die Vorschauplanung herangezogen werden können.

► **Betrachtungsebene:**
Iterative Ausarbeitung der Teilprozesse zwischen den Meilensteinen mit zeitlicher Einordnung → **ca. 6 Monate**

► **Durchführung:**
- Planung der Teilprozesse zwischen den Meilensteine
- Rückwärtsplanung, von hinten nach vorne
- Auf Wochen- und Gewerkebasis

► **Ziele:**
- Zeitliche Einordnung der einzelnen Prozessschritte
- Identifikation weiterer Meilensteine und kritischer Pfade

Schritt 3: Vorschauplanung

Nachdem die Teilprozesse im Rahmen der Meilenstein- und Phasenplanung definiert worden sind, erfolgt eine detaillierte, tagesscharfe Planung der Arbeitspakete je Gewerk. Dabei wird in der Regel ein Betrachtungszeitraum von ca. sechs bis acht Wochen angesetzt, wobei dieser in Abhängigkeit von den Projektgegebenheiten auch variieren kann. Im Idealfall befindet sich am Ende des gewählten Zeitraums ein Meilenstein, von welchem ausgehend die Planung rückwärts erfolgt und auf den die Projektbeteiligten sodann hinarbeiten können. Damit das Vorschaufenster immer vorhanden bleibt, wird die Vorschauplanung gemeinschaftlich mit den Prozesseignern im Abstand von 6 Wochen durchgeführt. Das Ziel besteht darin, alle anstehenden Tätigkeiten, deren Dauer, den Ressourceneinsatz sowie die erforderlichen Vorleistungen miteinander abzustimmen, Risiken und Hindernisse zu erkennen und kollaborativ Lösungen für einen reibungslosen Produktionsprozess zu finden.

► **Betrachtungsebene:**
Detaillierte, tagescharfe Planung von Arbeitspaketen je Gewerk
→ **ca. 6 - 8 Wochen**

► **Durchführung:**
- Tagesscharfe Planung der Arbeitspaketen je Gewerk
- Definition von Dauer, Ressourcen und Vorleistungen
- Identifikation von Risiken und Hindernissen

► **Ziele:**
- Verfestigung der Produktionsplanung
- Kollaborative Lösungsfindung

Schritt 4: Produktionssteuerung und KVP

Die Produktionssteuerung findet - im Idealfall in der Colocation im Big Room - im Rahmen von wöchentlichen Besprechungen, den sogenannten Produktionsevaluations- und Produktionsplanungsbesprechungen, kurz PEP-Besprechungen statt. Wie zuvor beschrieben, erfolgt in diesen Besprechungen die wöchentliche Aktualisierung der Vorschauplanung, in der die Prozessverantwortlichen die hindernisfreie Ausführung der geplanten Leistungen zusagen. Gleichzeitig wird im Zuge einer Aufgabenrückschau die Einhaltung dieser Zusagen ausgewertet und mit Hilfe von Kennzahlen festgehalten. Neben dem Anteil eingehaltener Zusagen werden Verzögerungs- und Störungsursachen ermittelt, Risiken identifiziert und Aktionen, die für eine hindernisfreie Ausführung der geplanten Leistungen erforderlich sind, festgelegt. Diese Vorgehensweise ermöglicht es dem Team, transparent miteinander zu kommunizieren, sich gegenseitig zu unterstützen und kollaborativ nach Lösungen zu suchen. Das Erfassen und Visualisieren von Kennzahlen spielt dabei eine entscheidende Rolle. Es soll den Teamgedanken stärken, die Motivation erhöhen, das bestmögliche Teamergebnis zu erreichen sowie das gemeinsame Lernen und die kontinuierliche Verbesserung im Sinne der Lean Philosophie fördern.

► **Betrachtungsebene:**
Aufgabenspezifische Überprüfung und Reflektion der Arbeitspakete → **ca. 1 Woche Rückschau, 2 Wochen Vorschau, im Fokus der nächste Meilenstein**

► **Durchführung:**
- Wochenrückschau und Auswertung eingehaltener Zusagen
- Ermittlung von Verzögerungs- und Störungsursachen
- Identifikation von Risiken und Festlegung notwendiger Aktionen
- Aktualisierung der Vorschauplanung

► **Ziele:**
- Stabilisierung, Kommunikation und Transparenz
- Teamgeist, Motivation, High-Performance
- Gemeinsames Lernen und kontinuierliche Verbesserung

3. Taktplanung

Die Taktplanung ist eine Methode zur Ablauf- und Terminplanung in Bauprojekten, die vor allem im Hochbau im Rahmen der Ausführung Anwendung findet und auch dem Lean Construction Management zugeordnet werden kann. Die Taktplanung zielt darauf ab, die Arbeitsabläufe in wiederkehrende, zeitlich festgelegte Intervalle zu unterteilen. Diese Methode kommt insbesondere bei Projekten zum Einsatz, bei denen wiederholte Aufgaben in regelmäßigen Zeitabständen durchgeführt werden müssen.

Der Takt repräsentiert das zeitliche Intervall, in dem bestimmte Arbeitspakete oder Aktivitäten abgeschlossen werden sollen. Dies kann täglich, wöchentlich oder in anderen Zeitintervallen erfolgen, je nach den Anforderungen des Projekts. Die Arbeitspakete im Projekt werden identifiziert und in kleinere, wiederkehrende Aufgaben aufgeteilt, die innerhalb des Takts abgeschlossen werden können. Prozesse und Arbeitsabläufe werden standardisiert, um sicherzustellen, dass sie in jedem Takt wiederholbar und konsistent durchgeführt werden können. Die Verfügbarkeit von Ressourcen, einschließlich Arbeitskräften, Materialien und Ausrüstung, wird in Bezug auf den Takt geplant und koordiniert.

Wird ein Bereich von mehreren Gewerken nacheinander im zeitlichen Takt durchlaufen, spricht man von einem Gewerkezug. Bei Bauwerksteilen, die verschiedenen Anforderungen genügen müssen, aber auch in Bereiche eingeteilt werden können, werden mehrere verschiedene Gewerkezüge definiert, die jene Bereiche durchlaufen, für die sie die erforderlichen Gewerke beinhalten. Solche Gewerkezüge sind zB für Rohbauarbeiten und Fassaden möglich und gewinnen besonders für die verschränkten Ausbau- und Technikgewerke an Bedeutung. Sie sind ebenso auf Gründungsarbeiten wie im Brücken- oder Tunnelbau anwendbar – immer dann, wenn Abschnitte oder Leistungspakete wiederholt gleichartig oder ähnlich bearbeitet werden.

Die Taktplanung wird oft visuell dargestellt, um einen klaren Überblick über die zeitliche Abfolge der Aufgaben und den Fortschritt des Projekts zu ermöglichen. Terminpläne als Balkenpläne (sog. Gantt-Diagramme) oder auch Taktplan-Boards, ähnlich der Last Planner® Boards, können hierbei nützlich sein.

Alle Beteiligten werden koordiniert und in den Taktplan integriert, um sicherzustellen, dass alle Arbeitspakete innerhalb der festgelegten Zeiträume abgeschlossen werden. Dazu werden in der Regel tägliche kurze Status-Meetings (analog zu einer PEP oder einem Daily – tägliche kurze Abstimmung der Tätigkeiten im Team auf Basis eines visuellen Boards) vorgenommen. Die Taktplanung ermöglicht es, durch diese regelmäßigen und kurzzyklischen Rückmeldungen und Überprüfungen des Fortschritts Anpassungen vorzunehmen und sicherzustellen, dass das Projekt im Zeitrahmen bleibt.

Wie durch das Last Planner® System wird auch durch die Taktplanung ermöglicht, Prozesse und Abläufe kontinuierlich zu verbessern. Durch die regelmäßige Wiederholung werden Schwachstellen schneller erkannt, und Anpassungen können zeitnah vorgenommen werden. Gleichzeitig werden Risiken, die sich auf den Ablauf auswirken könnten, identifiziert und proaktiv gemanagt, um Verzögerungen oder Unterbrechungen zu vermeiden.

Die Taktplanung bietet den Vorteil, dass sie zu einer effizienteren Ressourcennutzung und einem stetigen Fortschritt im Projekt beiträgt. Insbesondere in Bauprojekten, aber auch in anderen wiederkehrenden Projekten, trägt die Taktplanung dazu bei, dass Teams besser koordiniert sind, die Transparenz gesteigert und der Projektablauf optimiert wird.

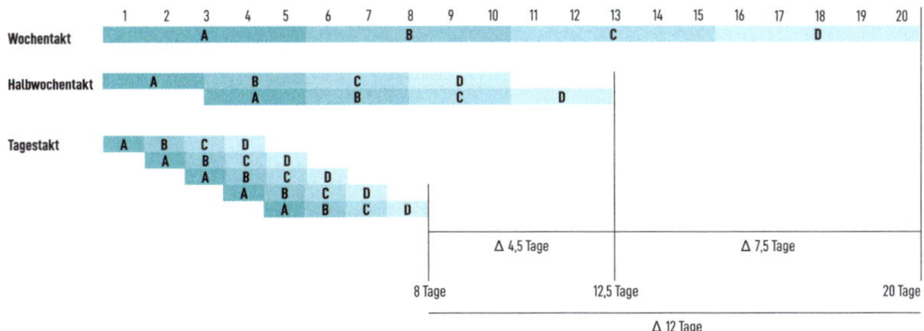

Beispielhafter Taktplan als Gantt-Diagramm

4. Logistik

Im Sinne der Lean Philosophie, nach der die einzelnen Schritte im Prozess dahingehend klassifiziert werden, ob sie der Wertschöpfung dienen oder eigentlich Verschwendung sind, werden die Logistik-Prozesse als Elemente der notwendigen Verschwendung von den wertschöpfenden Tätigkeiten getrennt. Es wird damit zum einen allen Beteiligten klar, welche Arbeitsschritte wertschöpfend sind und welche daher möglichst störungsfrei laufen sollen. Durch die Fokussierung auf die Wertschöpfung können die hier beschäftigten Mitarbeiter kontinuierlich eine hohe Qualität erreichen. Sie werden nicht durch Tätigkeiten in ihrem Tun unterbrochen, die sie von ihrer eigentlichen Aufgabe abhalten oder ablenken. Wiedereinarbeitungsaufwände werden reduziert. Die Prozessqualität wird stabilisiert.

Das Logistik-Team hat die Aufgabe, die Materialwirtschaft so zu organisieren, dass die Logistik-Prozesse sich auf die notwendige Verschwendung reduzieren und optimieren. Die Lieferung von Materialien, Geräten und Werkzeugen erfolgt möglichst just in time, um Lagerkosten und Transporte zu vermeiden. Damit haben die Mitarbeiter am Ort ihrer Tätigkeit alle benötigten Elemente zur Verfügung und verschwenden keine Zeit mit Suchen, Umsortieren oder Wegzeiten für das Besorgen von Kleinteilen etc. Es ist außerdem immer für ausreichend Ersatz zu sorgen.

Gleiches gilt für die Entsorgung von anfallendem Abfall, der arbeitstäglich beräumt werden sollte, um alle Arbeitsflächen jederzeit verfügbar zu halten. Das Abfallmanagement sollte übergreifend erfolgen, um die mehrfache Vorhaltung von Abfallbehältern zu vermeiden. Eine besondere Herausforderung bildet zumeist das Bodenmanagement mit den Vorgängen Lagern, Beproben, Abfahren oder Wiedereinbauen. Auch hier ist offenkundig, dass es organisatorisch sinnvoll ist, die Wertschöpfung von diesen Tätigkeiten zu entlasten und das Bodenmanagement übergreifend aus einer Hand zu organisieren.

Beispielhaft ist hier das Logistikprinzip "Milkrun" zu nennen, welches in Anlehnung an die historische Lieferung und Abholung von Milchflaschen den Ansatz verfolgt, das in einer festgelegten Rundtour über das Baufeld wiederholt benötigte Materialien nach Bedarf zur Verfügung zu stellen. Es wird also nicht eine zuvor festgelegte Menge unreflektiert ausgeliefert, was zu Überkapazitäten (Verschwendungsart Lagerhaltung) führen würde. Vielmehr werden nur die verbrauchten Mengen wieder aufgefüllt. Im Team wird festgelegt, wie der Verbraucher das Signal gibt, dass das Material nachgeliefert werden soll. Dies kann zum Beispiel über Signalkarten (Kanban) erfolgen. Auf der Rundtour füllt der Wagen die Kapazitäten nach bzw. liefert auch leere Behälter an einem Sammelpunkt zur erneuten Befüllung ab. Das Ziel ist es, die Materialversorgung und dafür erforderliche Wege und Kosten zu optimieren. Das Milkrun-Konzept eignet sich vor allem für Kleinteile, wie zum Beispiel Nägel, Schrauben, Dübel etc aber auch für einzubauende Materialen, die in hohen Stückzahlen zur Verfügung stehen müssen, wie zum Beispiel Steckdosen oder Lichtschalter.

Um die Verschwendungsarten Lagerhaltung und Defekte zu minimieren, auf der anderen Seite aber den Flow der Produktion nicht zu stören, kann als weiteres Logistikprinzip durch eine „taktbasierte Materialwirtschaft" das Material für einen Takt vorkonfektioniert und direkt in den Taktbereich geliefert werden. So entfallen Zeiten und Flächen für Zwischenlagerung mit der Gefahr der Beschädigung. Die Arbeitskräfte haben die benötigten Mengen zur Verfügung und müssen sich nicht aus Lagern mühsam die Materialien zusammensuchen. So gewinnen sie Zeit für die Wertschöpfung. Der Zusatzaufwand für die Vorkonfektionierung wird durch die entfallenden Lager- und Transportkosten sowie den Such- und Sortieraufwand und dabei entstehenden Verlusten durch Beschädigungen um ein Vielfaches kompensiert.

Der Einsatz eines zentralen Logistik-Teams sollte frühzeitig im PMT besprochen werden, damit sich die Beteiligten schon während der Planungsphase mit den Logistik-Prozessen auseinandersetzen können. Das Logistik-Team ist dafür verantwortlich, ein übergeordnetes Logistik- und Baustelleneinrichtungskonzept zu erarbeiten und notwendige Prozesse zu etablieren, um Verschwendungen in der Ausführungsphase zu reduzieren oder sogar zu eliminieren. Wichtig ist, dass das Logistik-Team - ähnlich wie ein PIT - integral besetzt ist, um alle Gewerke bei der Planung berücksichtigen zu können. Zudem sollte das Logistik-Konzept eng mit der Terminplanung abgestimmt werden, da sich die Gegebenheiten auf der Baustelle in den unterschiedlichen Bauphasen stetig verändern.

5. Shopfloor Management

Möchte man die Lean Prinzipien und die damit einhergehende Führungsphilosophie in Sachen Transparenz, strukturierter Problemlösung und kontinuierlicher Verbesserung konsequent weiterentwickeln, so kommt man am Shopfloor Management nicht vorbei.

Shopfloor Management ist ein ganzheitlicher Ansatz für die operative Steuerung von Produktionsprozessen durch Ausübung der Führungstätigkeit am Ort der Wertschöpfung.

Dabei stehen die wichtigsten Aktivitäten im täglichen Arbeitsablauf der Mitarbeiter im Mittelpunkt. Der Begriff Shopfloor stammt ursprünglich aus der stationären Fertigung und beschreibt die Werkstatt oder Werkhalle einer Produktionsanlage. Überträgt man diesen Ansatz auf ein Bauprojekt, so lässt sich die Baustelle als Ort der Wertschöpfung betrachten. Mit dem Ziel einen möglichst zuverlässigen und ungestörten Bauablauf zu gewährleisten, sollen Entscheidungen nicht mehr in langwierigen Baubesprechungen, sondern am Ort des Geschehens getroffen werden. Probleme und Kollisionen können direkt auf der Baustelle besichtigt und lösungsorientiert diskutiert werden. Führungskräfte sind wieder näher am Baugeschehen und setzen sich aktiv mit den realen Vorgängen auf der Baustelle auseinander. Dies führt neben der Beschleunigung der Kommunikations- und Entscheidungsprozesse in der Regel auch zu einer positiven Beeinflussung der Baustellenkultur und Mitarbeitermotivation.[73]

Für die operative Gestaltung des Shopfloor Managements gibt es kein allgemeingültiges Rezept, vielmehr muss es an die Rahmenbedingungen und Anforderungen des jeweiligen Projektes angepasst werden. Es gibt jedoch einige Bausteine, an denen man sich bei der Umsetzung orientieren kann. Im ersten Schritt gilt es, sinnvolle Organisationseinheiten oder Arbeitsbereiche zu definieren, in welchen ein eigenständiges Shopfloor Management implementiert werden kann. Dies können zum Beispiel Baufelder, Bauteile oder Bauabschnitte sein. Die Aufteilung der Arbeitsbereiche kann im Projektverlauf auch verändert und an den Baufortschritt anpasst werden. Im Hochbau kann zum Beispiel für die Rohbauphase mit einer Aufteilung nach Bauteilen begonnen werden. Schreitet das Projekt voran und erreicht den Innenausbau, so kann das Shopfloor Management dann nach einzelnen Etagen oder auch Mieteinheiten aufgegliedert werden. In der Praxis hat es sich zudem bewährt, die Aufteilung der Arbeitsbereiche korrespondierend mit der Struktur des Last Planner® Systems zu definieren, da auf diese Art und Weise ein Abgleich von Terminen und Meilensteinen erleichtert wird.

Als zentrales Steuerungselement wird in jedem Arbeitsbereich ein eigenes Shopfloor Board aufgebaut, welches als Basis für die Shopfloor Besprechungen dient und je nach Bedarf der Baustelle individuell gestaltet werden kann. Für die Steuerung des Bauablaufs kann zum Beispiel die

73 Fieder/Marquardt Lean Leadership S. 471 f.

Vorschauplanung aus dem Last Planner® System mit der tagesscharfen Planung der Arbeitspakete je Gewerk abgebildet werden. Für eine bessere Orientierung können zudem Übersichtpläne ergänzt werden. Die Shopfloor Besprechungen sollten möglichst kurzzyklisch, am besten täglich, stattfinden, um Abweichungen umgehend erkennen und schnellstmöglich Lösungen finden zu können. Alle Entscheidungen, die im Laufe der Shopfloor Besprechungen getroffen werden, können beispielsweise in einer Entscheidungsliste für alle Projektbeteiligten transparent dokumentiert werden. Probleme, die nicht kurzfristig gelöst werden, können in einem Themenspeicher oder einer Aufgabenliste erfasst und im Rahmen gesonderter Termine oder Workshops bearbeitet werden.

Ein wesentliches Element, das auf keinem Shopfloor Board fehlen darf, sind Kennzahlen. Welche Kennzahlen genau erfasst werden, sollte das Projektteam gemeinsam diskutieren und entscheiden. Wichtig ist, dass nicht zu viele Kennzahlen ausgewählt werden. Das Board sollte übersichtlich bleiben und dem Team dabei helfen, einen schnellen Überblick zu erhalten. Eine Visualisierung der Kennzahlen kann dabei als Unterstützung dienen. Typischerweise werden Kennzahlen zu Qualitäten und der weiteren Lean Methode 5S aufgenommen. Die 5S stehen dabei im deutschen Synonym für Sortieren, Systematisieren, Saubermachen, Standardisieren und Selbstdisziplin und beziehen sich in Bauprojekten zum Beispiel auf Ordnung und Sicherheit auf der Baustelle.[74]

74 Fiedler/Marquardt Lean Leadership S. 472.

Zusätzlich kann auch der Erfüllungsgrad der geplanten Leistungen zum Beispiel auf Wochenbasis gemessen werden. Die Kennzahl entspricht dem Anteil eingehaltener Zusagen aus dem Last Planner® System und soll das Team dabei unterstützen Störungsursachen zu identifizieren. Denn auch das Thema → Kontinuierlicher Verbesserungsprozess, S. 209 spielt beim Shopfloor Management eine entscheidende Rolle. Für die kontinuierliche Verbesserung können im Rahmen der Shopfloor Besprechungen KVP-Maßnahmen definiert werden, die auf eine nachhaltige Problembehebung und nicht auf das Arbeiten an Symptomen ausgerichtet sind. Die Führungskräfte agieren hierbei als Mentoren, die ihre Mitarbeiter befähigen, sich eigenständig in den Problemlösungsprozess einzubringen.[75]

Beim Shopfloor Management steht die Führungstätigkeit am Ort der Wertschöpfung im Fokus. Der Austausch zwischen der Baustellen- und der Führungsebene ermöglicht kurze Kommunikations- und Entscheidungswege und gewährleistet einen (nahezu) störungsfreien Bauablauf, unterstützt durch die Kommunikations- und Berichtskaskade (Informationsfluss).

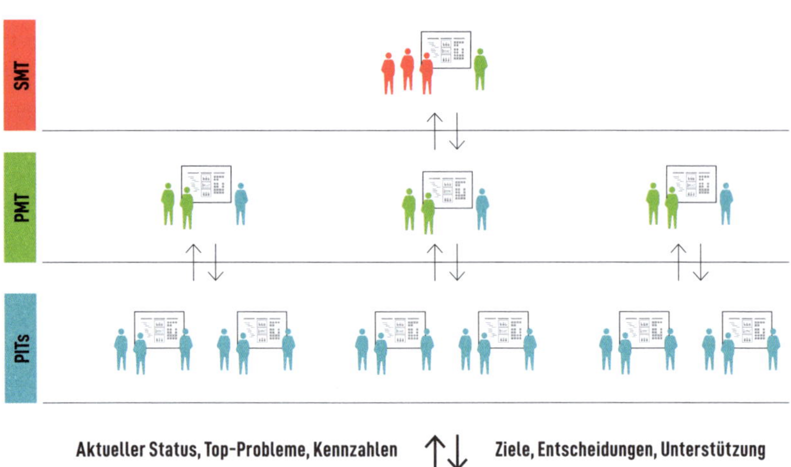

Berichtskaskade in einer IPA

75 Fiedler/Marquardt Lean Leadership S. 473.

Man kann hier von einem Berichts-Upstream und einem Entscheidungs-Downstream sprechen: Die Baustelle meldet den Status, die gemeinsam definierten Kennzahlen und die im täglichen Arbeitsablauf erkannten Probleme, die Führungsebene hingegen setzt die Ziele, trifft möglichst schnelle Entscheidungen und bietet ihre Unterstützung bei der Problemlösung an. Zusammen mit dem Last Planner® System liefert das Shopfloor Management einen ganzheitlichen Managementansatz für die Steuerung der Baustelle. Es setzt dabei auf Transparenz, strukturierte Problemlösung und kontinuierliche Verbesserung und soll dadurch die Zusammenarbeit verbessern und den Projekterfolg nachhaltig sicherstellen.

6. Kontinuierlicher Verbesserungsprozess

Kontinuierliche Verbesserung ist gerade in IPA-Projekten, in denen die IPA-Partner aus verschiedenen Organisationen zusammenkommen und in einer für alle neuen Zusammensetzung ein Team bilden, eine hilfreiche Herangehensweise. Es wird das Ziel verfolgt, eine Kultur der Veränderung, Innovation und Verbesserung im IPA-Team zu etablieren. Indem Veränderungen oder Anpassungen als kontinuierlicher Verbesserungsprozess (KVP) betrachtet werden, wird ermöglicht, das sich das IPA-Team über die gesamte Projektlaufzeit hinsichtlich unterschiedlicher Elemente (Zusammenarbeit, Prozesse, Methoden und Organisation) fortlaufend gemeinsam weiterentwickelt.

Der Fokus liegt darauf, kleine, inkrementelle Verbesserungen stabil umzusetzen, um langfristig positive Veränderungen zu bewirken. Zur Implementierung und Etablierung von kontinuierlicher Verbesserung gibt es verschiedene Ansätze und Methoden.

Für die Entwicklung und kontinuierliche Verbesserung der Kultur der Zusammenarbeit in einer IPA eignet sich die regelmäßige Durchführung sogenannter Kultur-Checks unter Anwendung entsprechender Tools. Zumeist wird über eine Befragung zur Zusammenarbeit (mit anonymer

Teilnahme) ein Feedback zu Methoden und Prozessen in der IPA vom Team ermittelt und ausgewertet. Auf dieser Basis können Verbesserungsprojekte entstehen und durch das Team selbst umgesetzt werden.

Des Weiteren empfiehlt es sich, in den Regelterminen der PITs und des PMT am Ende der Besprechung ein „Plus-Delta" als kontinuierliches Feedback durchzuführen. Hierbei werden unter „Plus" die bereits gut funktionierenden Aspekte festgehalten und als „Delta" Verbesserungsansätze zur kurzfristigen Umsetzung (zB im Rahmen der nächsten Besprechung) formuliert, für Umstände oder Prozessschritte, die noch nicht optimal sind. Würde statt des „Delta" nur ein „Minus" formuliert, also nur die Kritik geäußert, wäre noch kein Schritt in Richtung der Lösung gemacht.

„ Die größte Veränderung und damit auch für mich der größte Vorteil von einem IPA-Projekt ist das gegenseitige Vertrauen und der Fokus auf das Projekt. Das gemeinsame Ziel zu erreichen, steht für alle an erster Stelle. In den Baubesprechungen oder bei der Problemlösung gibt nicht das klassische LV oder der AG vor, was gebaut oder wie etwas eventuell angepasst wird. Es darf etwas Fantasie und Kreativität mit ins Projekt gebracht werden. Besonders bemerkbar macht sich die frühzeitige gemeinsame Planung aller Gewerke. Viele Sachen sind deutlich einfacher umzusetzen, wenn die von Anfang an geplant bzw. vorgesehen werden. Generell kann man sagen das der Umgang auf der Baustelle zu allen Gewerken deutlich humaner und freundlicher ist. Ich selber war in dem IPA-Projekt motivierter und lösungsorientierter als in einem VOB Projekt. Man hat eher das Gefühl etwas gemeinsam zu schaffen und eine persönliche Note mit einzubringen als einfach nur das ausgeschriebene LV für jemanden anderen zu bauen. "

André Lunau, Actemium-Cegelec GmbH, Bauleiter im PIT für iPAK5

Auf diese Weise können Missstände und Unzufriedenheiten erkannt und angegangen werden. In einigen Projekten wurde zum Beispiel eine Art Kummerkasten auf dem Projekt-Dashboard eingerichtet, der für ein ständiges Feedback zur Verfügung steht und in regelmäßigen Abständen ausgewertet und mit Maßnahmen versehen wird. Die Auswahl der im Einzelfall optimalen Methode hängt von den spezifischen Anforderungen und Zielen des Projekts ab.

7. Wissen bewahren und standardisieren

Das Gestalten von "Lessons Learned" (Erkenntnissen aus Projekten) ist ein wichtiger Schritt, um während des Projektes oder aus vergangenen Projekten zu lernen und die zukünftige Leistung zu verbessern. Folgende Schritte zur Gestaltung von Lessons Learned sind denkbar:

- **Sammeln von Informationen:** Erfassen aller relevanten Informationen und Daten aus dem Projekt, (Dokumentationen, Berichte, Protokolle, Feedback von Teammitgliedern etc). Das Sammeln von Informationen ist kontinuierlich über die Laufzeit des Projektes vorzunehmen, so dass Zwischenberichte und Erfahrungen sowie Informationen zu einzelnen Projektphasen erfasst werden. Es ist zu Beginn des Projektes festzulegen, welche Informationen und Themen im Rahmen des Lessons Learned betrachtet werden sollen. Zusätzlich ergeben sich durch regelmäßige Umfragen und Feedbacks oft zahlreiche Elemente, die im Lessons Learned betrachtet werden können.

- **Identifizieren von Erfahrungen:** Analysieren, was im Projekt gut gelaufen ist und welche Probleme aufgetreten sind. Identifizieren und Dokumentieren von Erfahrungen, die sich auf zukünftige Projekte übertragen lassen.

- **Kategorisieren der Erkenntnisse:** Gruppieren der identifizierten Erkenntnisse in Kategorien wie "Erfolge", "Herausforderungen" und "Lösungen".

- **Priorisieren der Erkenntnisse:** Bewerten der Bedeutung jeder Erkenntnis für zukünftige Projekte. Welche haben die größte Auswirkung oder das höchste Verbesserungspotenzial?

- **Formulieren von Empfehlungen:** Basierend auf den identifizierten Erkenntnissen können klare Empfehlungen und Maßnahmen erstellt werden, die in zukünftigen Projekten umgesetzt werden können.

- **Dokumentieren:** Festhalten von Lessons Learned in einem strukturierten Bericht oder Dokument. Dies sollte leicht verständlich und gut organisiert sein, damit andere Teammitglieder und Projektbeteiligte davon profitieren können. Die Dokumentation könnte sich zum Beispiel an den Projektphasen orientieren.

- **Teilen und Kommunizieren:** Verbreitung des Lessons Learned-Berichts im Team und in der Organisation. Dies kann in Form von Präsentationen, Schulungen oder Workshops erfolgen.

- **Integration in die Prozesse:** Es ist sicherzustellen, dass die gewonnenen Erkenntnisse in die Planung und Durchführung zukünftiger Projekte einfließen. Prozesse und Verfahren sind entsprechend der Erfahrungen anzupassen

- **Nachverfolgung:** Nachverfolgung der Umsetzung der Empfehlungen und Überprüfung, ob die Lessons Learned tatsächlich zur Verbesserung in weiteren IPA-Projekten beitragen.

- **Feedback-Schleife:** Ermutigung und Aufforderung der Teammitglieder und Stakeholder, kontinuierlich Feedback zu den implementierten Maßnahmen zu geben, und Vornehmen von Anpassungen des Lessons Learned bei Bedarf.

Lessons Learned sind ein wertvolles Werkzeug, um Wissen und Erfahrung zu bewahren und kontinuierliche Verbesserungen - gerade in neuen und anders aufgebauten Projekten wie der Integrierten Projektallianz - zu fördern.

Um ein kontinuierliches Lessons Learned umzusetzen, kann es zielführend sein, ein PMO „Wissen" in der IPA zu gründen. Dieses PMO ist dafür verantwortlich über alle Phasen hinweg Informationen zu sammeln, zu analysieren und zu dokumentieren, um für alle Partner Erfahrungen festzuhalten und für künftige Projekte zur Verfügung zu stellen.

V. Controlling – Gewinn-Risiko-Tabelle

Die Gewinn-Risiko-Tabelle (GRT) ist das zentrale Kosten-Controlling-Werkzeug der Allianz. Es handelt sich um eine Datenbank, die als Excel-Datei oder mit einer Datenbanklösung abgebildet werden kann. Für das fortlaufende Controlling werden Soll-, Prognose- und Ist-Daten in einer bauteilorientierten Struktur monatlich erfasst und hieraus fortlaufend die Kostenentwicklung und jene des Beteiligungs-Pools sowie der Beteiligungsbeiträge aller Partner transparent dargestellt. Die GRT ist damit zugleich das zentrale Instrument für die Abrechnung der unterschiedlichen Kostenkomponenten (Erstattbare Kosten sowie Allgemeine Geschäftskosten und Gewinn bzw. dem Beteiligungsbeitrag) der IPA-Partner.

Um die Funktionsweise anschaulich darstellen zu können, wird nachfolgend beispielhaft eine mögliche Umsetzung dieses Controlling-Instruments beschrieben. Die Ausgestaltung kann je nach vertraglichen Regelungen, verwendetem Tool und Anforderungen aus dem PMT und SMT sowie den Mutterorganisationen der Partner auch anders gestaltet werden. Auch hier gilt, die Prozesse richten sich am Projekt aus, es gibt keine allgemeingültige Vorgehensweise.

Beispielhafte Beschreibung einer Gewinn-Risiko-Tabelle
Die GRT umfasst die Abrechnung sowohl im Zeitraum der Phase 1 als auch in der Phase 2 und setzt die vertraglichen Regelungen zur Vergütung um.

Zum Zeitpunkt der Zielkostenfestlegung zum Abschluss der Phase 1 und Beginn der Phase 2 bildet die „GRT" den sogenannten Null-Zustand ab. Dieser enthält die aufgelaufenen Ist-Kosten der Phase 1 und die prognostizierten (angebotenen) Kosten der Phase 2. Der Zustand wird deshalb hier als Null-Zustand definiert, da das Anreizsystem mit dem Ziel der Unterschreitung der vereinbarten Zielkosten oft erst in Phase 2 aktiviert wird (es ist aber natürlich möglich, dies vertraglich auch anders zu regeln und auch Kostenbestandteile der Phase 1 bereits unter Anreiz zu stellen). Somit ist dieser Ausgangspunkt zu Beginn der Phase 2 der Null-Zustand – die Soll-Reflektionsebene – für das Controlling. Damit diese Werte jederzeit im Blick behalten werden, finden sich in der Übersicht der GRT zunächst die Soll-Werte je Kostenkontrolleinheit (hier mit ID bezeichnet) sowie die Zuordnung zu den verantwortlichen Partnern (bestenfalls je ID ein namentlich benannter Verantwortlicher). Im Kopfbereich der „GRT" ist die Zusammensetzung der Zielkosten mit den Anteilen der Partner an den Leistungen (Erstattbare Kosten) sowie Zuschlägen, Risiko und der jeweilige Beteiligungsbeiträge ausgewiesen.

In den folgenden Monaten werden sodann die Leistungen sukzessive erbracht und abgerechnet. Dazu haben die Partner die Nachweise für die Erstattbaren Kosten über den vergangenen Monat zum nächsten Monatsanfang vorzulegen. Die Nachweise werden durch das Abrechnungsteam (integral besetzt) geprüft und die zugehörigen Kostendaten für die einzelnen Partner unter der jeweiligen ID eingetragen. Die PITs aktualisieren die Risiken und bewerten die Prognosen für die Restleistungen monatlich. Bei Abweichungen oder Anpassungen werden die Gründe erfasst.

Die Zielkosten werden nach dem vertraglich vorgesehenen Prozess angepasst, sollten zusätzliche Leistungen durch den Auftraggeber gewünscht werden oder sich Risiken realisieren, die ausschließlich dem Auftraggeber zugewiesen waren (→ Leistungsänderungen, S. 216). Entsprechend der

Änderung der Leistungsanteile der Partner erfolgt dabei auch die Veränderung des Beitrags zum Beteiligungsbeitrag und Ergänzung zusätzlicher IDs für die Erfassung der Zusatzleistungen. Sollte durch Entscheidungen im PMT oder SMT mit Zustimmung des Auftraggebers auch der Leistungszeitraum verlängert werden, sind entsprechend zusätzliche IDs für die Erfassung der Mehrkosten aus Bauzeitverlängerung zu ergänzen.

Aus den erfassten Ist-Daten je Monat und Partner werden die Summen für die Abrechnung zusammengefasst. Die Abrechnung und Auszahlung erfolgt zunächst ohne den Beteiligungsbeitrag je Partner – der Beteiligungsbeitrag wird also wie ein Einbehalt behandelt. Das PMT gibt die erfasste Summe je Partner frei, sodass diese den freigegebenen Betrag pauschal ohne weitere Nachweise in Rechnung stellen können.

Die Ausschüttung eines Teilbetrags des Beteiligungsbeitrags kann vertraglich bei langlaufenden Projekten vorgesehen werden, sollte jedoch nur nach Beschluss des PMT, unter Beachtung der zu dem jeweiligen Zeitpunkt vorliegenden Risikobewertung sowie nur für den Beitragsanteil für bereits erbrachte Leistungen erfolgen.

Die Vorgehensweise zur finalen Abrechnung im Rahmen der Schlussabrechnung wird unter → Projektabschluss, S. 231 erläutert.

Der Wirtschaftsprüfer überprüft beispielsweise einmal jährlich die korrekte Vorgehensweise bei der Abrechnung der Ist-Kosten und nimmt dabei mindestens in Stichproben auch Einblick in die Buchhaltungen der Partner, um die abgerechneten Kostenansätze zu bestätigen oder zu korrigieren.

VI. Leistungsänderungen

Leistungsänderungen im klassischen Sinn spielen bei einem IPA-Vertrag eine eher untergeordnete Rolle, da alle Kosten, die den Auftragnehmern durch die Ausführung jedweder Leistung entstehen, immer erstattet werden. Es besteht somit für keine der Parteien eine Notwendigkeit dafür, ein umfangreiches Nachtragsmanagement aufzubauen. Maßgeblich ist lediglich die Frage, ob die festgelegten Zielkosten nachträglich infolge einer Leistungsänderung anzupassen sind. Die hierfür eingreifenden Mechanismen unterscheiden sich von einer konventionellen Vertragsabwicklung.

1. Änderungen ohne Auswirkungen auf die Zielkosten

Üblicherweise gibt es Änderungen während der Bauausführung, die sowohl zu Kostensteigerungen, aber auch zu Kostenreduzierungen führen können. Kostenreduzierungen, beispielsweise durch Optimierungen, sind erwünscht und können sogar zu einem Bonus führen, wenn insgesamt die Zielkosten unterschritten werden → Vergütungsregelungen, S. 101. Kostensteigerungen hingegen können aus den unterschiedlichsten Gründen entstehen und stellen einzeln betrachtet Risiken dar. Eine der Besonderheiten des IPA-Modells liegt darin, dass genau diese Risiken gemeinsam im Zuge der Planungsphase möglichst lückenlos bewertet werden sollen → Erkennen und Verfolgen von Chancen und Risiken, S. 172. Es ist zunächst die Aufgabe der IPA-Partner, alle Risiken zu erfassen. Im Zuge des Zielkostenangebotes benennen die Auftragnehmer jene Risiken, die sie nicht zu tragen bereit sind und die als Auftraggeber-Risiken gelten sollen. Im Rahmen der Prüfung des Angebotes entscheidet der Auftraggeber, ob und welche der bewerteten Risiken er als Bestandteil der Zielkosten akzeptiert und welche Risiken ausdrücklich nicht in den Zielkosten enthalten sind, sondern reine Auftraggeber-Risiken bleiben.[76] Risiken hingegen, die nicht gesehen und in der Risikoliste daher nicht erfasst wurden, stellen

76 Dies sind beispielsweise Risiken, die eine geringe Eintrittswahrscheinlichkeit haben, im Falle ihres Eintritts aber hohe Kosten auslösen.

Risiken der Allianz dar. Dies bedeutet, dass zwar die im Falle des Eintritts eines Risikos entstehenden Kosten vergütet werden, allerdings durch die Erhöhung der Kosten sich unter Umständen der Beteiligungs-Pool zulasten aller Auftragnehmer reduziert.

Es kommt daher bei der Frage, ob die Zielkosten anzupassen sind, primär nicht darauf an, ob tatsächlich eine Abweichung von der durch die Partner geplanten Bauausführung vorliegt, wie sie der Zielkostenermittlung zugrunde gelegt worden war. Dies ist auch sinnvoll, da andernfalls der Mechanismus des Vergütungsmodells in Form einer Beteiligung am Projektrisiko ins Leere laufen würde. Wenn also die Auftragnehmer Planungsleistungen in Bezug auf zu erbringende Leistungen übernommen haben, die Grundlage ihrer Zielkostenermittlung wurden, ist es für ihren Vergütungsanspruch wesentlich, dass sie beispielsweise keinerlei Leistungen vergessen haben oder sonstige Risiken übersehen wurden.

Auch spielt die zugrunde gelegte Bauzeit in Bezug auf die Anpassung der Zielkosten zunächst keine Rolle. Wenn die Auftragnehmer ihre Leistungen aufgrund von Störungen jedweder Art verzögert erbringen und ihnen hierdurch Mehrkosten entstehen, geht dies ebenfalls zu Lasten des Beteiligungs-Pools. Gleiches gilt für Kosten für Materialien, Nachunternehmerleistungen oder sonstige Kosten, die von den Partnern falsch eingeschätzt wurden. Alle sich im Zuge einer Bauausführung somit ergebenden Risiken und die daraus resultierenden Änderungen der ursprünglich geplanten Bauausführung verändern folglich die vereinbarten Zielkosten nicht. Dies gilt sowohl für Kostensteigerungen, als auch für Kostenreduzierungen.

„Ich durfte gemeinsam mit den Autoren das erste IPA-Projekt eines öffentlichen Auftraggebers in Deutschland erfolgreich realisieren und kann nur bestätigen: Von der Praxis in die Praxis – der richtige Weg!“

Matthias Grabe, IPA-Pionier

2. Änderungen mit Auswirkungen auf die Zielkosten

Es kann jedoch auch zu Änderungen kommen, die zielkostenrelevant sind. Diesbezüglich sind jedoch nur zwei Kategorien denkbar: Zum einen verändern sich die Zielkosten dann, wenn ein dem Auftraggeber zugeordnetes Risiko tatsächlich eintritt. Zum anderen tritt eine Zielkostenanpassung ein, wenn der Auftraggeber nach Festlegung der Zielkosten und damit nach Festlegung des Leistungssolls eine geänderte Ausführung wünscht.

a) Auftraggeber-Risiken

Als Auftraggeber-Risiko wird besonders bei zeitlich lang laufenden Projekten häufig das Risiko von Preissteigerungen definiert. Begegnet wird diesem Risiko zumeist in Form einer Indexierung der Zielkosten, beispielsweise auf Basis von gemeinsam definierten Warenkörben und den entsprechenden Indizes des statistischen Bundesamtes. Würde dieses Risiko nicht als Auftraggeber-Risiko erfasst, müssten die Auftragnehmer für Preissteigerungen eine vorausschauende Annahme treffen und dieses Risiko im Rahmen der Zielkosten berücksichtigen. Käme es im Zuge der Bauausführung zu von der Prognose abweichenden Preissteigerungen, würde dies entweder zulasten des Auftraggebers oder aber zulasten der Auftragnehmer gehen. Viele Bauherren entscheiden sich daher für eine Indizierung, weil dies transparent den tatsächlichen Preisstand zum jeweiligen Projektzeitpunkt abbilden kann. Damit kann auch besonderen, nicht erwarteten Kostensteigerungen für alle Seiten fair begegnet werden.

Die nach Erfahrungswerten üblicherweise anzunehmende Preissteigerung kann hingegen auch in die Zielkosten aufgenommen werden, beispielsweise ein bestimmter Prozentsatz pro Jahr, bezogen auf die im jeweiligen Zeitraum einzukaufenden Leistungen. Wichtig ist, dass dies transparent erfolgt, der Prozentsatz und der Rechenweg also offen liegen und nachvollzogen und vom Auftraggeber im Rahmen der Angebotsprüfung bewertet werden können. Der daraus entstehende Anreiz, sich früh um Preisbindung zu bemühen, stabilisiert die Kostenentwicklung.

Als weiteres Auftraggeber-Risiko wird die Kündigung oder Insolvenz eines Partners behandelt. Da der Auftraggeber jeden einzelnen Auftragnehmer auswählt, hat er auch das Risiko dafür zu tragen, dass einer der Auftragnehmer vorzeitig aus der Allianz ausscheidet. Für diesen Fall sollte daher der Vertrag vorsehen, dass die hierdurch entstehenden Mehrkosten der übrigen Auftragnehmer mittels einer Anpassung der Zielkosten aufgefangen werden.

b) Änderungsanordnungen des Auftraggebers

Auch im Rahmen eines IPA-Vertrages hat der Auftraggeber das Recht, Änderungen anzuordnen. Insoweit gilt die gesetzliche Regelung des §§ 650b BGB. Ausgangspunkt für jede Änderung ist jedoch zunächst, dass es sich um eine Abweichung von dem ursprünglichen Leistungssoll handeln muss.

Das Leistungssoll der Partner bestimmt sich zu Beginn der Planungsphase nach den vom Auftraggeber vorgegebenen Planungszielen, die üblicherweise in einem sogenannten Projektprogramm festgehalten werden. Dieses ist die Basis für den Planungsprozess und mündet in einer konkreten Baubeschreibung, die das Leistungssoll für die Bauphase (Phase 2) darstellt. Auf Basis dieser Baubeschreibung werden die Zielkosten zum Ende der Phase 1 festgelegt. Sofern daher der Auftraggeber nachträglich, in Phase 2 nach Vereinbarung der Zielkosten, ohne technische Notwendigkeit hiervon abweichen möchte, geht damit auch eine Anpassung der Zielkosten einher. Planungsunterlagen, Leistungsverzeichnisse oder sonstige Leistungsbeschreibungen, die zur Festlegung der Zielkosten und Unterstützung der weiteren Umsetzung erstellt wurden, sind jedoch für die Beurteilung, ob eine Anpassung der Zielkosten in Folge einer Änderung des Leistungssolls zu erfolgen hat, zunächst nicht relevant. Ist eine Leistung zwar vom Projektprogramm, nicht jedoch von der erstellten Baubeschreibung oder der Risikotabelle erfasst, aber zur Erreichung des vereinbarten Werkerfolgs im Sinne des § 650b Abs. 1 Nr. 2 BGB notwendig, führt der Wunsch des Auftraggebers zur Ausführung dieser Leistung somit nicht zu einer Anpassung der Zielkosten.

Eine Anpassung der Zielkosten erfolgt hingegen, wenn der Auftraggeber gegenüber einer in der Baubeschreibung getroffenen konkreten Qualitätsfestlegung eine höherwertigere Ausführung wünscht als erforderlich.

Wird ein Änderungswunsch des Auftraggebers im PMT und SMT abgelehnt, kann der Auftraggeber eine förmliche Änderungsanordnung in schriftlicher Form aussprechen, die der jeweilige Auftragnehmer umzusetzen hat, im Falle einer Änderung des vereinbarten Werkerfolgs aber nur, sofern ihm dies zumutbar ist (§ 650b Abs. 1 S. 2 BGB). Die Zielkosten sind dann entsprechend anzupassen.

„In unserer Branche der Logistikplanung steht die Zufriedenheit des Kunden an erster Stelle. Jeder Kundenwunsch findet in der Planung Berücksichtigung, da dies die Grundlage für langfristige Kundenbindung und -zufriedenheit darstellt. Dementsprechend bedarf es für uns keiner großen Umstellung, das IPA-Modell anzuwenden und zu leben.

In meinem früheren Leben war ich Claim-Manager und habe des Öfteren innere Konflikte zwischen „Was ist richtig und was ist falsch?“ verspürt. Der Ansatz, dass aus Fehlern Haftungsfragen und aus Änderungen Mehrvergütungsansprüche entstehen, wird durch den IPA-Gedanken auf den Kopf gestellt. Dadurch war es für mich der einzig logische Weg, der alten Welt den Rücken zu kehren. Es wirkt beinahe wie ein romantischer Gedanke, dass sowohl Auftraggeber als auch Auftragnehmer an Kostenoptimierung und Einhaltung von Terminen gleichermaßen interessiert sind, da beide Parteien davon profitieren.“

Mario Henneberger (LL.M.), PMT-Mitglied „Neues Werk Cottbus“

VII. Projektstörungen

Auch der Umgang mit Projektstörungen stellt sich im Rahmen eines IPA-Vertrages grundlegend anders dar, als in konventionellen Verträgen. Unter einer Projektstörung wird dabei alles das verstanden, was zu einer Abweichung von der ursprünglichen Planung sowohl in qualitativer als auch in zeitlicher Hinsicht führt. Bereits unter → Haftung für Pflichtverletzung, S. 120 wurde ausführlich auf die vertraglichen Regelungsmöglichkeiten eingegangen, sodass hierauf verwiesen wird. Nachfolgend wird daher lediglich der Umgang mit Mängeln, Verzögerungen und deren Folgen im Projektablauf behandelt und auf das Ausscheiden eines Auftragnehmers aus der Allianz wegen Kündigung oder Insolvenz eingegangen.

1. Umgang mit Mängeln

Die vertraglichen Regelungsmöglichkeiten im Hinblick auf den Umgang mit mangelhafter Leistung wurden bereits unter → Mängelhaftung, S. 121 erläutert. Unabhängig von der finanziellen Handhabung von Mangelbeseitigungskosten und Mangelfolgeschäden ist es im Projektablauf wichtig, einen möglichst konstruktiven Umgang mit einer unzureichenden Leistungserbringung zu erhalten und eine positive Fehlerkultur zu etablieren. Dies gelingt nur dann, wenn Mängel auch transparent gemacht werden. Es empfiehlt sich daher, eine gesonderte Erfassung etwaiger unzureichender Leistungserbringung im Projektteam vorzunehmen, die nicht nur den Fehler aufzeigt, sondern gleichzeitig die Maßnahmen zur Beseitigung der Fehlerfolgen festhält. Eine derartige Liste zur Qualitätssicherung soll daher in erster Linie der Prozessoptimierung dienen und das Vermeiden ähnlicher Fehler fördern. Die Liste kann jedoch auch Grundlage für die Geltendmachung etwaiger Mangelfolgeschäden gegenüber der Projektversicherung sein. Je nach Ausgestaltung der Mängelhaftung ist sie ferner Grundlage für die Abrechnung der Vergütung und des Beteiligungs-Pools.

2. Verzögerungen

Verzögerungen im Projektablauf können durch verschiedene Einflüsse entstehen, die entweder von außen kommen oder durch die IPA-Partner selbst verursacht werden. Grundsätzlich handelt es sich bei Verzögerungen daher um ein Projektrisiko, welches möglichst in der Planungsphase bereits eingeschätzt werden sollte. Von außen auf das Projekt einwirkende Verzögerungsrisiken können beispielsweise verspätete Genehmigungen oder Behinderungen durch Dritte sein. In der Planungsphase sollten daher die Wahrscheinlichkeit und die Folge derartiger Verzögerungen abgeschätzt und in die Chancen- und Risiko-Register übernommen werden (zum Umgang mit Risiken → Erkennen und Verfolgen von Chancen und Risiken, S. 172.) Ebenfalls in der Planungsphase ist zu entscheiden, ob die Folgen einer derartigen Verzögerung in der Allianz verbleiben, sodass hierfür eine gewisse Risikorückstellung gebildet wird, die in die Zielkosten mit einfließt. Tritt die Verzögerung dann tatsächlich ein, sind die IPA-Partner aus eigenem Interesse bemüht, die Folgen der Verzögerung möglichst gering zu halten, um die Zielkosten nicht zu überschreiten.

Es kommt jedoch auch in Betracht, dass ein externes Verzögerungsrisiko, beispielsweise durch übermäßig lange Zeiträume für die Genehmigung eines Planfeststellungsbeschlusses so hohe Risikorückstellungen erfordern würde, dass die Zielkosten hierdurch erheblich aufgebläht wären. Ist in diesem Fall noch dazu die Eintrittswahrscheinlichkeit des Verzögerungsrisiko relativ gering, wird sich der Auftraggeber dafür entscheiden, dieses Risiko als reines Auftraggeber-Risiko außerhalb der Zielkosten zu bewerten. Tritt das Risiko dennoch ein, werden die Zielkosten nachträglich entsprechend angepasst.

Denkbar ist es jedoch auch, dass es zu Verzögerungen kommt, weil einer oder mehrere IPA-Partner ihre Leistung nicht in der geplanten Zeit erbringen. Derartige Verzögerungen führen üblicherweise zu Mehrkosten, welche wiederum zu höheren Erstattbaren Kosten führen. Diese reduzieren damit den Gewinn aller Partner, sodass jeder IPA-Partner ein hohes Eigeninteresse daran hat, dass der gesamte Bauablauf reibungslos verläuft. Anders als bei konventionellen Vertragskonstellationen führt eine Behinderung daher dazu, dass sich die Partner bestmöglich dabei unterstützen, die Folgen der Behinderung so gering wie möglich zu halten.

Durch den Einsatz des Last Planner® Systems können Verzögerungen unmittelbar erkannt und die erforderlichen Maßnahmen wiederum transparent durch alle Partner abgestimmt werden.

3. Notwendigkeit einer Kündigung

Auch in einem IPA-Vertrag kann es dazu kommen, dass sich der Auftraggeber von einem Partner trennen möchte oder trennen muss. Da der IPA-Vertrag auf Basis der werkvertraglichen Regelungen abgewickelt wird und gesellschaftsrechtliche Regelungen gerade nicht greifen sollen, sind die Kündigungsregelungen vertraglich zumeist analog den §§ 648, 648a BGB ausgestaltet. Der Auftraggeber und die Auftragnehmer befinden sich weiterhin in einem werkvertraglich geprägten Austauschverhältnis im Hinblick auf Leistung und Gegenleistung, so dass auch die werkvertraglichen Kündigungsregelungen für eine vorzeitige Beendigung der Zusammenarbeit maßgeblich sind. Wichtig dabei ist, dass zur Klarstellung vertraglich geregelt wird, dass im Falle einer bilateralen Kündigung das Vertragsverhältnis zwischen dem Auftraggeber und einem IPA-Partner der Mehrparteienvertrag mit den übrigen IPA-Partnern hiervon nicht berührt sein soll.

Vertraglich ist weiterhin zu entscheiden, ob der Auftraggeber auf sein Recht zur freien Kündigung verzichten sollte. Begründet werden kann dies damit, dass der Auftraggeber nach Abschluss der Planungsphase einseitig in Form einer Option das Recht hat, die Bauphase auszulösen. Sofern der Auftraggeber dieses Recht ausgeübt hat, hat er sich für die Durchführung der Baumaßnahme mit den IPA-Partnern entschieden. Im Sinne des Allianzgedankens bildet der Auftraggeber mit den ausgewählten Unternehmen ein Team auf Augenhöhe.

Man könnte daher ein einseitiges Recht eines Partners zur Lossagung vom Vertrag ohne wichtigen Grund als systemwidrig betrachten.

Andererseits können im Zuge der Bauphase besondere Ereignisse auftreten, die es für den Auftraggeber erforderlich machen, sich von einem Unternehmen oder sogar von allen Unternehmern unter Übernahme der vollen Kostenlast zu lösen. Auch ist die grundsätzliche Beibehaltung eines freien Kündigungsrechtes deswegen von Belang, weil im Falle einer unwirksamen Kündigung aus wichtigem Grund diese durch die Rechtsprechung häufig in eine freie Kündigung umgedeutet wird. Würde man daher vertraglich das freie Kündigungsrecht abbedingen, käme hierdurch zum Ausdruck, dass sich im Falle einer Kündigungserklärung diese nur dann als wirksam erweisen würde, wenn tatsächlich ein wichtiger Kündigungsgrund bestünde. Stellt sich im Nachgang heraus, dass der Kündigungsgrund nicht gegeben war, hätte dies zur Konsequenz, dass die Kündigung nicht in eine freie Kündigung umgedeutet werden könnte und damit der Vertrag als nicht beendet gelten würde, obschon die Parteien die wechselseitigen Leistungen eingestellt haben. Die Abwicklung der Folgen wäre daher ungleich schwieriger, sodass für den Fall, dass eine Kündigung ausgesprochen wird, diese im Zweifel auch als freie Kündigung gelten soll, um eine eindeutige Beendigung des Vertragsverhältnisses herbeizuführen.

Für den Fall, dass eine Kündigung aus wichtigem Grund erforderlich sein sollte, ist nicht nur der Auftraggeber durch deren negative Auswirkungen betroffen. Im Sinne des Allianzgedankens sollte sich daher das Projektteam, jedoch ohne Mitwirkung des betroffenen Auftragnehmers, einig sein, dass die Gesamtleistung besser ohne den betroffenen Auftragnehmer ausgeführt werden kann. Kommt hierüber eine einvernehmliche Entscheidung im PMT nicht zustande, entscheidet das SMT mit entsprechender Mehrheit.

Der Auftraggeber verzichtet daher insoweit auf eine alleinige Entscheidungskompetenz zugunsten einer partnerschaftlichen Entscheidung, was auch konsequent ist, weil das gesamte Leistungsgefüge aller Partner durch den Ausschluss eines IPA-Partners betroffen ist.

Die Partner müssen sich daher darüber einig sein, dass die Projektziele besser ohne den betroffenen Auftragnehmer erreicht werden können. Möglich ist jedoch auch eine hiervon abweichende Regelung, wonach der Auftraggeber das PMT vor einer Entscheidung über eine Kündigung eines Auftragnehmers aus wichtigem Grund lediglich anzuhören hat.

Scheidet ein Auftragnehmer durch Kündigung aus dem Projektteam aus, müssen die Leistungsanteile der übrigen Auftragnehmer im Hinblick auf die Gesamtkosten neu bewertet werden. Dies ist zunächst lediglich ein mathematischer Vorgang im Hinblick auf die prozentuale Neuverteilung der jeweiligen Anteile an den Gesamtprojektkosten. Jedoch entstehen durch die Kündigung eines Auftragnehmers immer auch Mehrkosten und zeitliche Verzögerungen, die sich auf das gesamte Projektteam auswirken und die zu regeln sind. Diesbezüglich sollte eine vertragliche Regelung dahingehend getroffen werden, dass die Zielkosten und Termine anzupassen sind, das Risiko einer Kündigung eines Auftragnehmers folglich als Auftraggeber-Risiko bewertet wird.

Sofern die Leistungen des ausgeschlossenen Auftragnehmers noch fertigzustellen sind, muss der Auftraggeber im Wege der Ersatzvornahme die noch ausstehenden Leistungen anderweitig beauftragen, sofern nicht ein anderer IPA-Partner die Leistungen des ausgeschiedenen Partners übernehmen kann. Es empfehlen sich auch vertragliche Regelungen, die den Eintritt in Nachunternehmerverträge im Falle einer Kündigung ermöglichen.

4. Insolvenz

Wie vorstehend erläutert trägt im Falle einer Kündigung der Auftraggeber etwaige durch die Kündigung entstehenden Mehrkosten der in der Allianz verbliebenen Auftragnehmer, wobei die Zielkosten entsprechend angepasst werden. Einer Kündigung gleichgestellt wird der Fall, dass ein Auftragnehmer seine Zahlungen einstellt, von ihm oder zulässigerweise vom Auftraggeber oder einem anderen Gläubiger das Insolvenzverfahren (§§ 14 und 15 InsO) beziehungsweise ein vergleichbares gesetzliches Verfahren beantragt wurde oder ein solches Verfahren eröffnet wird oder die Eröffnung mangels Masse abgelehnt wurde. Das Insolvenzrisiko eines Auftragnehmers bleibt daher auch im Rahmen eines Mehrparteienvertrages beim Auftraggeber. Für die Folgen gilt das vorstehend zur Kündigung Gesagte entsprechend.

„IPA hat in Deutschland überraschend schnell Fuß gefasst und einen Kulturwandel angestoßen, der weit über die ohnehin stark wachsende Zahl von echten IPA-Projekten hinausreicht. Die durch IPA vermittelte Erkenntnis, dass strukturierte Kooperation der Schlüssel für effizientes und innovatives Bauen ist, wird sich flächendeckend durchsetzen und die Bauwelt insgesamt verändern.“

Prof. Stefan Leupertz, RiBGH a.D.,
Mitglied Lenkungskreis IPA-Zentrum

SHORT FACTS:

- In Phase 2 werden die Planungsleistungen bis zur Ausführungsreife fortgesetzt, die Vergaben an Nachunternehmer durchgeführt, die Bauleistungen erbracht.

- Mit Annahme des Zielkostenangebots der Auftragnehmer durch den Auftraggeber werden die optional vereinbarten Leistungen für die Phase 2 abgerufen. Dabei kann der Auftraggeber besondere Key Performance Indicators für besondere Ziele definieren, die bei Erreichung mit einem Bonus vergütet werden.

- Teamtrainings, Coachings und Workshops sind auch während der Phase 2 wichtig und erforderlich, insbesondere da sich das Team kontinuierlich verändert. Sie fördern die Zusammenarbeit, die Fehlerkultur und die Fähigkeiten der Teammitglieder. Gemeinsame Feste zu besonderen Anlässen stärken den Teamgeist und die Motivation.

- Um alle Teammitglieder auf dem Laufenden zu halten, können Projekt-Dashboards eingerichtet werden, auf denen Daten und Kennzahlen transparent und übersichtlich dargestellt werden.

- Mit Methoden des Lean Construction Management findet das Team kollaborativ Lösungen, erstellt eine gemeinsame Aufgabenplanung, definiert schlanke Prozesse und schafft Transparenz sowie kontinuierliche Verbesserung.

- Das Last Planner® System ersetzt die konventionelle Bauablaufplanung und Terminsteuerung. Es handelt sich um eine Lean Methode, die zur kollaborativen Ablaufplanung und -steuerung eingesetzt wird.

- Das Shopfloor Management, eine weitere Methode des Lean Managements, unterstützt das Team bei der operativen Steuerung der Bauprozesse, der Kommunikation und Entscheidungsfindung auf der Baustelle, dem Ort der Wertschöpfung.

- Zur kontinuierlichen Verbesserung im Projekt tragen regelmäßiges Feedback, Lessons Learned Workshops und Kultur-Checks bei.

- Das fortlaufende Kosten-Controlling wird in der Gewinn-Risiko-Tabelle abgebildet und führt Soll-, Prognose-, Risikobewertungs- und Ist-Daten monatlich zusammen. Auf der Basis der im PMT freigegebenen Ist-Kosten erfolgt die Abrechnung der IPA-Partner.

- Bei echten Änderungswünschen des Auftraggebers (oder des Nutzers) in Phase 2 ist eine Anpassung der Zielkosten notwendig. Hierzu erstellen wiederum die Auftragnehmer gemeinsam ein Angebot an den Auftraggeber.

- Projektstörungen, wie Mängel oder Verzögerungen führen zu einer Abweichung der ursprünglichen Planung im Hinblick auf Qualität und Zeit, liegen aber im Risiko der Allianzpartner. Hingegen trägt für eine Kündigung oder Insolvenz eines Auftragnehmers der Auftraggeber das Risiko, mit der Folge der Anpassung der Zielkosten.

F
Projektabschluss

Projektabschluss

Der Projektabschluss eines IPA-Projektes unterscheidet sich in vielen Aspekten kaum von der Vorgehensweise in klassischen Projekten, in einigen Aspekten dafür ganz entscheidend. Durch die integrale Bearbeitung aller Themen, von der Planung, über die Genehmigung zur Ausführung, Inbetriebnahme und Abnahme sind alle Partner – und damit auch der Auftraggeber und möglichst auch der Betreiber und Nutzer – in alle Arbeitsschritte eingebunden und haben die Qualität der Ergebnisse sichergestellt. Mit der Abnahme der Leistungen liegt die Dokumentation vor und die Übergabe an den Betrieb kann erfolgen. Die Schlussabrechnung wird erstellt, das Projektergebnis festgestellt und die Auftragnehmer stellen ihre Schlussrechnungen. Mit der Schlusszahlung endet das eigentliche Projekt. An die Abnahme schließt sich der Gewährleistungszeitraum an, dieser liegt zumeist in der Eigenverantwortung der einzelnen IPA-Partner. Das Gemeinschaftsprojekt ist damit abgeschlossen.

Die Besonderheit ist, dass nicht nur im besten Fall, sondern bereits im Normalfall kein Nachlauf erforderlich ist für die Klärung von Forderungen, für das Nachfordern von Unterlagen, für umfangreiche Mängelbeseitigung sowie entsprechende Verursacherauseinandersetzungen und dergleichen.

I.
Dokumentation

Der Fokus im Hinblick auf die Dokumentation eines Projektes liegt darauf, den Anforderungen des Endkunden zu entsprechen, gleichzeitig jedoch Übererfüllung (zu viele Dokumente, mehrfache Unterlagen) und damit Verschwendung zu verhindern. Die Dokumentation ist Teil der Abnahmen und damit auch des Inbetriebnahmekonzeptes.

Der Bauherr muss in Phase 1 bereits mitteilen, ob eine zusätzliche Dokumentation über die Abnahmen und die Inbetriebnahme hinaus erforderlich ist. Diese wird Schritt für Schritt während der Bauausführung erstellt, durch den Auftraggeber qualitätsgesichert, final abgelegt und nicht, wie im klassischen Projekt, am Ende gebündelt dem Auftraggeber übergeben. Damit soll ausgeschlossen werden, dass nach Fertigstellung des Bauwerks das Projekt nicht abgeschlossen werden kann, weil Dokumentationen fehlen, fehlerhaft sind oder qualitativ nicht den Ansprüchen des Endkunden entsprechen.

II.
Inbetriebnahme

Zur Inbetriebnahme müssen zwei Themen bearbeitet werden:

1. **Unterlagen, die zur Inbetriebnahme vorliegen müssen (Instandhaltungskonzept, Abnahmedokumentation, Betriebshandbücher, usw)**

2. **Prüfungen oder Tests, die zur Inbetriebnahme durchgeführt werden müssen (Probebefahrungen, Belastungstests, Störungssimulationen, usw)**

Grundsätzlich ist immer festzulegen, welche Tätigkeiten durchzuführen sind, aber auch ganz wichtig, welche nicht durchzuführen sind, da viele Prozessschritte in den integralen Teams bereits unter Beteiligung der Auftraggebervertreter umgesetzt wurden und nun nicht allein aus formalen Gründen wiederholt werden müssen.

Um für alle Projektbeteiligten jederzeit ein klares Ziel vor Augen zu haben, wenn es um die Inbetriebnahme und die hierfür erforderlichen Prozessschritte geht, ist Klarheit von Beginn an von Vorteil.

PHASE 0
Vorbereitungsphase

- Definition, welche Normen, Zertifizierungen, Vorschriften, Richtlinien, hoheitliche Abnahmen, Prüfungen, Genehmigungen, usw aus der späteren Funktion des Bauwerkes durch den Auftraggeber vorgegeben sind
- Festlegung, welche Organisationseinheiten und welche Mitarbeiter des Auftraggebers, extern zu beauftragende Zertifizierungsstellen, hoheitliche Prüfabteilungen, usw eingebunden werden müssen
- Klarstellung, welche Dokumentation für die spätere Inbetriebnahme vorliegen muss

PHASE 1
Planungsphase

- Berücksichtigung der Vorgaben aus Phase 0 im Rahmen des zum Zielkostenangebot ausgearbeiteten Bauwerksentwurf, Bearbeitung immer im interdisziplinären Team
- Beauftragung aller Prüfer, Qualitätssicherer, usw
- Benennung der verantwortlichen Personen bei den Partnern und beim Auftraggeber (interdisziplinär)
- Kontaktaufnahme, Information und Ausarbeitung der Prozesse und Termine mit Behörden, hoheitlichen Institutionen, usw
- Ausarbeitung eines Inbetriebnahmekonzeptes inkl. Kosten, Finanzierung (innerhalb oder außerhalb der IPA Kosten), Risiken, Zeitplan, usw

PHASE 2
Bauphase

- Umsetzung des Inbetriebnahmekonzeptes, Bearbeitung und Freigaben im interdisziplinären Team, möglichst unter Führung des Auftraggebervertreters
- Ablage der Dokumentation und Abstimmung mit dem Betreiber / Nutzer im Sinne der Qualitätssicherung durch den Auftraggebervertreter

Berücksichtigung des Inbetriebnahmekonzepts in den IPA-Phasen

III.
Abnahme

Für jedes Projekt ist festzulegen, welche Abnahmen durchzuführen sind, aber auch, welche nicht durchzuführen sind. Der Auftraggeber muss in Phase 1 angeben, ob zusätzliche Prozesse über die Inbetriebnahme hinaus erforderlich sind.

Der Fokus liegt hier darauf, den Anforderungen des Betreibers / Nutzers zu entsprechen, gleichzeitig jedoch unnötige Prozessschritte im Sinne einer Verschwendung zu vermeiden.

Auch in Bezug auf das weitere Abnahmeprozedere ist die IPA-Konstellation von Vorteil. Bei allen entscheidenden Projektschritten über die gesamte Laufzeit erfolgt eine Zustandsfeststellung im Team gemeinsam. Das nächste Gewerk entscheidet über die hinreichende Qualität der Leistungen des Vorgewerks. Vor dem Schließen von Bauteilen wird standardisiert mithilfe von Prozessvorgaben geprüft, dass die nun nicht mehr zugänglichen Leistungen den Anforderungen entsprechen. Der gesamte Prozess der Vorbereitung der Abnahme erfolgt so in vielen kleinen Teilschritten und in gemeinsamer Verantwortung. Damit bleibt zum eigentlichen Termin der rechtsgeschäftlichen Abnahme nicht mehr viel zu tun, da nahezu alle Prüfschritte erfolgt und dokumentiert sind. Sofern Mängel aufgetreten sind, werden diese vor Abnahme behoben → Umgang mit Mängeln, S. 221.

„Mit vier gleichgesinnten Partnern traten wir gemeinsam mit dem Ziel an, Zusammenarbeit neu zu definieren. Das Schmieden eines firmenübergreifenden Teams führte schnell zu einer beeindruckenden Lösungsorientierung und einem kooperativen Miteinander. Jetzt nach Projektabschluss können wir mit Stolz sagen, die Projektallianz hat sich bewährt und all unsere Erwartungen haben sich erfüllt."

Jens-Peter Hacker (Dipl.-Ing. und SFI/IWE),
Fachgebietsverantwortlich für Bewegliche Infrastruktur der HPA, PMT / AG im Projekt iPAK5

Entscheidend ist, dass der Auftraggeber direkt die Qualität der Dokumentation prüft und ggf. mit weiteren Endkunden zusammen die Werkleistung abstimmt, damit eine spätere Nachforderung oder Überarbeitung ausgeschlossen werden kann. Hier sollte für eine einmal erstelle und abgelegte Dokumentation gelten „fertig ist fertig".

Für die Durchführung und Erklärung der rechtsgeschäftlichen Abnahme ist ausschließlich der Auftraggeber verantwortlich, welcher sich zur Vorbereitung klassisch einer internen oder externen Bauüberwachung bedienen kann. Es ist aber auch denkbar und sogar empfehlenswert, dass sich die Allianz darauf verständigt, dass nachdem sich in der Phase 1 die Baupartner als Berater der Planer eingebracht haben, sich die Planer in der Phase 2 als Bauüberwacher und Qualitätssicherer einbringen und damit zusammen mit dem Auftraggeber die Abnahmen vorbereiten und so auf eine externe Bauüberwachung verzichtet werden kann. Die Abnahmeerklärung des Auftraggebers mittels einzelner Abnahmeprotokolle oder eines Gesamtdokumentes unterscheidet sich nicht von jenen in konventionellen Planungs- und Bauverträgen.

IV. Schlussrechnung

Zum Projektende muss die Dokumentation vollständig vorliegen und alle Ist-Daten müssen erfasst sein, so dass für die Schlussrechnungen der Partner zum einen die Restsumme der Abrechnung und zum anderen der finale Beteiligungsbeitrag ermittelt werden können. Ist es dem Team gelungen, die Zielkosten zu unterschreiten, kann der Einbehalt für den Beteiligungsbeitrag aufgelöst werden. Außerdem wurde durch die Unterschreitung ein zusätzlicher Bonus verdient. Die Aufteilung dieses Bonusbetrags erfolgt nach dem „doppelten Dreisatz" – die Anteile des Beteiligungsbeitrags bestimmen sich zum einen nach dem Leistungsanteil der Partner und zum anderen nach den individuellen Beteiligungsbeiträgen der Partner auf Basis der vertraglichen Vereinbarungen.

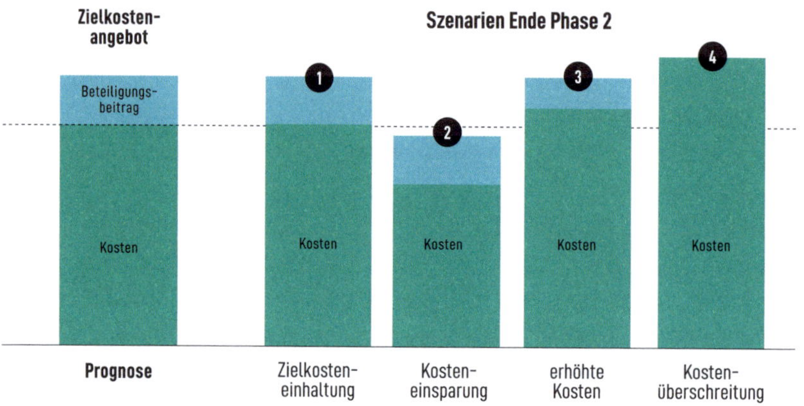

Anreizbasiertes Vergütungsmodell

Auf Grundlage der vorgenannten Erläuterungen ergeben sich entsprechend die Schlussrechnungssummen je Partner. Auch diese Zusammenstellung gibt das PMT frei, so dass die Partner ihre Schlussrechnungen erstellen können.

Die Freigabe der Zahlung steht jedoch unter dem Vorbehalt, dass die vorbeschriebene Vorgehensweise und die GRT mit ihren einzelnen Tabellen methodisch und systematisch durch den Wirtschaftsprüfer hinsichtlich ihrer Konformität zu den vertraglichen Regelungen geprüft wird.

V.
Abschlussveranstaltung / Offboarding für das gesamte Team

Ebenso wie das Onboarding aller Mitarbeiter des IPA-Teams ist ein entsprechendes Offboarding vorzusehen. Nachdem das Team nun über Jahre in Höhen und Tiefen zusammengestanden und Lösungen gemeinsam entwickelt hat, wäre es mehr als schade, wenn alle Teammitglieder einfach in die nächsten Projekte weitergehen würden, ohne dass ein gemeinsamer Abschluss stattgefunden hat. Dieser Abschluss fehlt in klassischen Projekten schon aufgrund der phasenorientierten Arbeitsweise. Das IPA-Team hat gemeinsam den Erfolg erreicht, das Bauwerk zu planen und zu errichten. Dieser Erfolg sollte unabhängig vom wirtschaftlichen Erfolg als Teamleistung gewürdigt werden.

Hierfür bietet die Eröffnung des Gebäudes, die Verkehrsfreigabe des Infrastrukturprojektes oder die Aufnahme des Betriebs nach Umbau und Restrukturierung die passende Gelegenheit, so dass ein entsprechendes Teamevent eingeplant werden sollte. In diesem Rahmen kann das PMT und SMT nochmals seiner Wertschätzung für die erreichte Leistung und für die Teamentwicklung und den Zusammenhalt Ausdruck verleihen und der Auftraggeber beispielsweise zu besonderen Aspekten der Qualität und Innovation seine Begeisterung mitteilen sowie insgesamt ein Feedback geben. Die Kollegen aus allen Projektphasen kommen noch einmal zusammen und tragen die positiven Erfahrungswerte weiter in die nachfolgenden Projekte. Ein solches Event kann auch für eine gemeinsame Reflektion im Sinne eines „Plus-Delta" genutzt werden, um die Lernerfahrung und Verbesserungsansätze aufzunehmen und die Projektkultur in allen Projektformen kontinuierlich zu verbessern.

SHORT FACTS:

- Das Projekt endet mit der Inbetriebnahme und Abnahme sowie der Zahlung der Schlussrechnungen.
- Während der Planungs- und Ausführungsphase erstellt das Team gemeinsam kontinuierlich projektbegleitend die Dokumentation, sodass sie bei Fertigstellung des Bauwerks vollständig vorliegt.
- Die für die Inbetriebnahme erforderlichen Prozessschritte und Unterlagen sind zu Projektbeginn klar zu definieren.
- Der Prozess zur Vorbereitung der Abnahme erfolgt gemeinsam in vielen Teilschritten, sodass Mängel bereits vor Abnahme behoben werden. Durch die gemeinsame Gestaltung des Prozesses und projektbegleitende Umsetzung können nahezu alle Prüfschritte im Vorfeld des eigentlichen Termins zur rechtsgeschäftlichen Abnahme erledigt werden, so dass die Abnahme und Übergabe an den Nutzer in einem kurzen, einvernehmlichen Termin erfolgen können.
- Mit der Feststellung der finalen Ist-Kosten steht die Schlussrechnungssumme für alle Partner inklusive eines etwaigen Bonus-Betrags bei Zielkostenunterschreitung fest.
- Den Projektabschluss bildet – als Wertschätzung und Würdigung der Teamleistung – ein gemeinsames Teamevent im Rahmen des Offboardings für das gesamte Team.

Team

Dieses Buch ist das Ergebnis einer langen Reise unter Beteiligung zahlreicher Personen und Teams, die uns dabei geholfen haben IPA in Deutschland bekannt zu machen – zu experimentieren, zu verbessern und endlich wieder Spaß in den Baualltag zu bringen.

lumico.net
rittershaus.net

Nina Rodde
IPA- & Lean-Coach

Antje Boldt
Fachanwältin Bau- & Architektenrecht und Vergaberecht

Laura Kersten
IPA-Consultant & Lean-Expert

Manuela Luft
Fachanwältin Bau- & Architektenrecht und Vergaberecht

Ramin Omidi
IPA-Consultant & Lean-Expert

Julia Reumann
Fachanwältin Bau- & Architektenrecht

Sebastian Schulz
IPA- & Lean-Coach

Silke Gummi
Design & Illustration

Stichwortverzeichnis

A

Abnahme 10, 23, 231 ff., **234 f.**, 238

Abrechnung 85, 101, 107 f., **110 f.**, 126, 152, 165, **213 ff.**, 229, 235
- Nachunternehmer **110 f.**, 165
- Schlussabrechnung 215, 231
- Vergütungsregelungen **101**, 182

Allgemeine Geschäftskosten X, 7, 70, 84, 93, 101 f., 102, 108, 126, 213

Allianz 3 ff., 31 ff., 95 ff.
- Allianzpartner XIII, 16, 92, 101, 140
- Allianzteam 8, 44 f., 118, 131, 166 ff.
- Allianzvertrag XIII, 163 f., 177, 179

Anreizsystem **101 f.**, 214
- Nachunternehmer **83 ff.**
- Vergütungsregelungen **101**, 182

Arbeitspsychologe **58 f.**, 80, 92

Assessment-Center X, 49, 72, **75 ff.**, 91
- Beobachterschulung 75

Auftraggeber-Informationsanforderungen X, 169

B

Baupreissachverständiger 58, **110**, 127

Baustellengemeinkosten 7, 84, 102 f., 110, 126, 165

Bericht 60, 109
- TVD-Bericht 175 f.
- Validierungsbericht 166 ff.

Beteiligungsbeitrag XI, 41, 70, 102, 106, 213 ff., 235
- Beteiligungs-Pool XI, 70, 102, 105, 112, 125, 128, 176, 213, 217

Big Room X, 57, 92

Bonus 84, 182, 216, 228, 235, 238
- Key Performance Indicators XIII, 59, 182, 228

Budget X, 44 f., 91, 159, 166 f., 175
- Budgetdefinition 44
- Budgetvorgabe 44 f.
- Gesamtbudget 159

Building Information Modeling X, **168**
- BIM X, 62, 82, 118 f., 135, 150, 152, **168 ff.**, 178 f., 184
- BIM-Abwicklungsplan X, 169
- BIM Coach **58**, 92 f.

C

Chancen-Risiko-Management XI, 152, **172 ff.**, 178
- Chancen- und Risiko-Register XII, 176, 222

Coaching 4, 14, 23, 150, 184 f., 228
- BIM Coach **58**, 92 f.
- IPA-Coach XII, 13, 48, 114, **118 f.**, 128, 141, 146 f., 177, 184
- IPA- und Lean Coach 58
- Lean Coach **58**, 92 f., 118, 128

Colocation XI, 37, **54 ff.**, 62, 83, 91, 92, 139, 177, 185, 189

Conditions of Satisfaction XI, 27 ff., **52**, 141 f., 146, 158 f., 177, 186

Controlling 106, 134, 152, **213 f.**
- Gewinn-Risiko-Tabelle XII, **213 f.**, 229

D

Deckungsbeitrag XI, 70, 111

E

Eignung 26, 78, 86, 91
- Eignungsleihe 73, 81 f., 86 ff., 95, 164 f.
- Eignungs- und Wertungskriterien 66
- IPA-Eignung 30
- Projekteignung 30

Entscheidungsmechanismen 113
- Einstimmigkeit 113 ff.
- Konsens 3 f., 22, 37, 41
- konsensual 113 ff.
- Mehrheitsprinzip 117

Erfolgsfaktoren 18, 64, 113, 187

Erstattbare Kosten XII, 7, 102 f., 108 f., 112, 120, 123 ff., 214

F

Fehlerkultur **20,** 60, 74, **184**, 221, 228

G

Generalplaner 37, 42, 111

Generalunternehmer 37

Gesamtprozessanalyse 153, 156, **195 ff.**

Gewinn-Risiko-Tabelle XII, **213 f.**, 229
- Controlling **213 f.**

H

Haftung 8, 61, 93, 100, **120 ff.**
- bei Verzögerungen **124 f.**
- Mängelhaftung **121**, 221
- Pflichtverletzung **120**

Haftungsbeschränkung **123**, 128

Haushaltsrecht **43**

I

Inbetriebnahme 118, **231 ff.**, 238

Innovation 13, 20, 28, 30, 36 f., 74, 157 ff., 177, 209
- Innovationsfähigkeit 27, 30, 35, 59, 70, **73 ff.**, 92 f.

Insolvenz 70, 219, 221, **226**, 229

IPA **3 ff.**
- IPA-Coach XII, 48, 114, **118 f.**, 128, 141, 146 f., 177, 184
- IPA-Elemente 49
- IPA-Erfahrung 48
- IPA-fähig 52
- IPA-Kultur 58, 82 ff., 93
- IPA-Manager XIII, 14, **119**, 128
- IPA-Mitarbeiter 56
- IPA-Modell 64, 84, 118, 123, 216
- IPA-Nachunternehmerbedingungen 164, 179
- IPA-Partner XIII, **12 ff.**, 42, **64 ff.**
- IPA-Philosophie **3**
- IPA-Projekt **26**
- IPA-Schulungsprogramm 49
- IPA-spezifische Fähigkeiten 77 ff.
- IPA-Team **16 ff.**, 54, **64**, **133 ff.**, **140 ff.**, 209, 237
- IPA-Vertrag XIII, 61 f., **97 ff.**, 126, 216, 219, 221, 223

K

Kontinuierliche Verbesserung 135, 190, **194**, 200, 205 ff., **209**, 228 f.

Kosten
- Baustellengemeinkosten 7, 84, 102 f., 110, 126, 165
- Gesamtprojektkosten 225
- Herstellkosten 176

- Ist-Kosten 7, 10, 89, 106, 111 f., 214, 215, 229, 238
- Kostenbewertung 166
- Kosten-Controlling 213, 229
- Kostenentwicklung 167, 213, 218
- Kostenermittlung 45, 166
- Kostengliederung 166
- Kostenüberschreitung 105, 166 f.
- Kostenziele 166

Kündigung 117, 127, 219, 221, **223 ff.**

L

Last Planner® 153, 195
- Last Planner® Boards 57
- Last Planner® System XIII, 83, **153 ff.**, 179, 191 f., 192 f., **193 ff.**, 207 ff., 223, 229

Lean XIII, 14, 37, **45 f.**, 82 f., 118, 134 f., 150 f., **155 ff.**, 177 ff., **190 ff.**, 228 f.
- Lean in der Ausführung **190**
- Lessons Learned **211 f.**, 229
- Shopfloor Management **205 ff.**, 229
- Taktplanung **201 ff.**

Leistung
- Leistungsänderungen **216**
- Leistungsprogramm XIII, 157 f., 175 f.
- Leistungszuschnitt 67 f., 91

M

Mehrparteienvertrag XIII, 5, 13, 22, 61, 67, 84, **95 f.**

Meilenstein-Pull-Planung 153 f.

N

Nachunternehmer XIV, 37 ff., **81 ff.**, 93, **110 ff.**, **163 ff.**, 170, 179

O

Offboarding 184, **237**, 238

Onboarding 83, 85, 140, **146 f.**, 150, 184

P

Partnerauswahl 23, 64, 77, 92 f.
- Ablauf **66**
- Team- oder Einzelbewerbung **64**

Phasen XIV, **10 ff.**, 23, 233
- Planungsphase XIV, 10, **131 ff.**, 177
- Projektrealisierungsphase 10, **181**
- Validierungsphase 23, **166 ff.**
- Vorbereitungsphase 23, **25**

Produktion 204
- Produktionsplanung 199
- Produktionsprozess 198 f., 205

Projekt
- Projektallianz **3 ff.**
- Projektbeteiligte XIV, 12
- Projektcharta XIV, 82, 139, **143 f.**, 164, 177, 183
- Projekt-Dashboard **186 ff.**, 228
- Projekt Implementierungs-Team XIV, 18, 114, **116**, 147, 208
- Projektkosten XII
- Projekt Management Office XIV, 114, **118**, 136, 147, 151
- Projekt Management Team XIV, 18, **114 f.**, 141
- Projektprogramm XIV, 12, 36, 91, 219
- Projekt Set-up **31**
- Projektstörungen **221**, 229
- Projektversicherung **61 ff.**, 122 f., 165
- Projektziele 4 ff., 36, 158, 167, 186

Prozesse 46 f., 128, **151 ff.**, 170, 190 ff., 228, 233 f.
- Abrechnungsprozess 104
- kontinuierlicher Verbesserungsprozess **209**
- Lern- und Verbesserungsprozess 161
- Planungsprozess 90, 100, 131, 153, 160, 179, 219
- Produktionsprozess 198 f., 205
- TVD-Prozess 175

R

Risiko X, 36, 61, 70, 87, 105, 120, 174 f., 214, 217 ff., 229
- Chancen-Risiko-Management XI, 152, **172 ff.**, 178

S

Schlussrechnung **235,** 238

Scrum 156

Selbstkostenerstattung 84, **101**, 126

Senior Management Team XV, 18, 114, **117**, 142

T

Taktplanung **201 ff.**

Target Value Design XV, 45, 52 f., 131, 153 f., **157**, 175, 177
- TVD-Bericht 175 f.

Team 3, 8 f., **16 ff.**, 22 f.**,** 44**,** 53 ff., **64 ff.**, 91 f., 113 ff., **132 ff.**, 177 f., 183 ff., 209, 210, 228, 237
- Teambuilding 91, 140, 178, 184
- Teamfähigkeit 35, 70 f., **73 ff.**, 92 f.

Terminsteuerung 132, 151, **191 ff.**, 229
- Last Planner® System XIII, 83, **153 ff.**, 179, 191 f., 192, **193 ff.**, 207 ff., 223, 229
- Vorschauplanung 156, 196 ff.

V

Validierung 10, 23, 66, **165 ff.**
- Validierungsbericht 166 ff.
- Validierungsphase 23, **166 ff.**

Vergabeverfahren 11, 35, 37, **64 ff.**, 88 f., 96

Vergütung 7, 84, 89, **101 f.**, 105, 110 ff., 120, 126, 214

Versicherung **61 ff.**, 123, 151
- Versicherungsmakler 58, 92

W

Wagnis und Gewinn XII, 165

Wirtschaftsprüfer 60, 84, 92, **107 ff.**, 126, 165, 215, 236

Z

Ziele
- Basiszielkosten 167
- Zielkosten XV, 10, 12, 70, 105 ff., 124 f., 153, 157, 159, 175 ff., 214, 216, 229, 235
- Zielkostenangebot 10, 44, 105, 131, 157, **175 ff.**, 236
- Zielkostenanpassung 218
- Zielkosteneinhaltung 105 f., 236
- Zielkostenermittlung 44 f., 157, 217
- Zielkostenfestlegung 214
- Zielkostenmanagement 157

Weiterführende Informationen

Webseiten mit weiterführenden Informationen zu Projekten, Know-how und dem Autorenteam

IPA-Projekte in Deutschland

- **lean-ipd.de/ipa-projekte**

Informationen zu IPA und Lean Management

- IPA-Zentrum: **ipa-zentrum.de**
- German Lean Construction Institute (GLCI): **glci.de**
- Lean IPD: **leanipd.com**
- Lean Construction Blog: **leanconstructionblog.com**

Informationen zu den Herausgebern und Autoren

lumico.net
rittershaus.net